新时代农村生态环境治理困境与路径研究

魏　霞◎著

U0838579

中国商业出版社

图书在版编目（CIP）数据
新时代农村生态环境治理困境与路径研究 / 魏霞著.
北京 : 中国商业出版社, 2025. 4. -- ISBN 978-7-5208-3376-9
Ⅰ. X322.2
中国国家版本馆CIP数据核字第2025X9E279号

责任编辑：袁　娜

中国商业出版社出版发行
（www.zgsycb.com　100053　北京广安门内报国寺1号）
总编室：010-63180647　编辑室：010-83128926
发行部：010-83120835/8286
新华书店经销
天津和萱印刷有限公司印刷
*
787毫米×1092毫米　16开　7.5 印张　130千字
2025年 4 月第 1 版　　2025年 4 月第 1 次印刷
定价：48.00 元
****
（如有印装质量问题可更换）

前　言

我国农村地区面积广阔，人口众多，可以说，农村生态文明建设已经成为全面推进乡村振兴面临的重要问题。因此，在乡村振兴战略背景下，加强新时代农村生态治理的研究对推进乡村振兴战略具有十分重要的现实意义。

本书深入分析了在新时代背景下，农村生态环境治理面临的挑战和可能的解决方案。首先，介绍了农村环境保护和生态建设的基础知识，包括生态建设的基本要素、采取的措施和评价体系。其次，着重讨论了在新时代生态文明视角下，农村环境法治建设所遇到的困难。此外，本书还探讨了如何实现新时代农村生态环境的协同治理，即如何构建一个多方共同参与的治理模式。最后，提出了推动农村生态环境治理法治化的具体路径，包括基本原则、基本路径和保障措施，目的是为农村生态环境治理提供法律支持，推动乡村振兴和生态文明的发展。本书为相关领域的研究人员和实践者提供了重要的理论和实践指导。

本书在写作过程中，参考借鉴了一些专家、学者的研究成果，并得到了各方的帮助和支持，在此表示最诚挚的谢意。由于时间仓促，加之作者的知识水平有限，书中难免存在一些疏漏和不足，希望广大读者不吝赐教。

目　录

第一章　农村环境保护与生态环境建设……01
第一节　农村环境保护概述……01
第二节　生态环境建设的基本要素……10
第三节　加强农村生态环境建设的措施……12
第四节　农村生态环境建设的评价……26
第二章　新时代生态文明视角下农村环境法治问题困境……35
第一节　农村环境法治的制度构建问题……35
第二节　农村环境法治的法律实施问题……42
第三章　新时代农村生态环境的协同治理……45
第一节　农村生态环境协同治理的理论基础……45
第二节　农村生态环境协同治理的实现机制……67
第四章　新时代农村生态环境治理法治化的路径……85
第一节　推进农村生态环境治理法治化的原则……85
第二节　农村生态环境治理法治化基本路径……87
第三节　农村生态环境治理法治化保障路径……98
参考文献……111

第一章　农村环境保护与生态环境建设

第一节　农村环境保护概述

一、农村环境现状

农业是国民经济的基础，农村环境是农村赖以生存与发展的必要条件，也是关系国计民生的大事。我国的环境保护事业在过去的20余年中有了长足的发展，取得了可喜的成绩，在农村环境污染综合防治和科学管理等方面仍存在许多薄弱环节和亟待解决的问题。

（一）农村环境概述

1. 农村环境

所谓环境，是相对于某中心事物而言的，它因中心事物的不同而不同，随着中心事物的变化而变化，其中心事物是人。环境是指人类的生存环境，即围绕人类的客观事物，包括自然环境和社会环境。环境既是人类生存和发展的基础，又是人类开发利用的对象。

农村环境是与农村整体互相关联的人文条件和自然条件的总和，包括农村社会环境和农村自然环境。前者由生产关系、生产力水平、经营管理方式、农业政策、社会安全程度等基本要素构成；后者包括以农业生物为主体和围绕主体的一切客观物质条件，如水、空气、阳光、土壤以及与农业生物并存的生物和微生物等诸要素。

农村的形成、发展和布局一方面得益于农村环境条件，另一方面也受所在地域环境的制约，而农村的不合理发展会导致地域环境和农村内部环境的恶化。

具体体现在：农村环境质量状况，对农产品的数量和质量起到决定性的作用。在正常的环境条件下，农业生物与农村环境之间相互影响、相互依存，当农村环境受到污染和破坏时，农业生物就不可能正常生长，农业生产就会陷入困境。农村环境质量直接影响农村居民的生产和生活活动。城市居民的各种食物以及其他农副产品主要由农村提供，因此，农村环境质量也直接关系到城市居民的生活。

2. 农村环境的特点

（1）农村环境的复杂性

农村环境以农村人口的生产和生活活动为中心，既包括农村的土地资源、水资源等农民生产所必需的自然物质，又包括农民生活活动的各种社会物质，这就导致了农村环境的复杂性。

（2）农村环境的广阔性和差异性

农、林、牧、副、渔业生产活动的范围非常广泛，除了人迹罕至的远海、原始森林、荒漠等地方之外都有农村的分布。由于各地的自然条件不同，形成了各具特色的农村环境。

（3）农村环境的不稳定性

农村环境是一定程度上受人类控制和影响的半自然环境。人们为了追求高产而单一种植和养殖少数理想的品种，改变了原先丰富多样的自然生物种群的面貌，使农业生态系统变得单调，缺乏自然生态系统所具有的对抗环境条件变化的强大的缓冲力。人们向农业生态系统投入机械、化肥、农药等大量的物质，同时又把农产品作为商品输出，因此现代农业成为一个能量和物质大量流进流出的开放系统。在高度投入和产出的情况下，如果控制不当，容易使农业生态系统失去平衡，造成生态结构的破坏和生态环境的污染。

（4）农村环境的隐蔽性和持续性

农村环境质量恶化是累积性的，一般不会在短时间内出现变化。又由于农村环境因素复杂，所以经过较长时间累积出现明显质的改变以后，要想恢复和改善它的生产能力是很不容易的。因此，农村环境的保护应以预防为主。

（二）我国农村环境污染的主要特点

农村环境以农村人口的生产和生活活动为中心，是一个复杂的系统，它由自然、社会、经济等系统组成。通常农村环境是指农村的自然环境。农村环境既依赖于自然资源的供给，又受到自然生态条件的约束。生态环境的恶化、不合理的农业生产方式都会对农村的可持续发展产生不利影响。随着农村人口的快速增长和农村经济的不断发展，农业综合开发规模和乡镇工业对资源的利用强度日益扩大，生态环境面临着越来越大的压力。加强农村生态环境保护不仅是当前农村经济发展面临的一个紧迫而又艰巨的任务，而且是我国新时期生态环境保护工作的重中之重。

我国农村环境污染有以下几方面的特点。

1. 污染来源广、类型多

我国农村污染源大致可分为农村本地污染源、异地污染源及乡镇企业污染源。

农村本地污染有以下三大类：农作物的生产污染、农民集聚区生活污染和集约化畜禽养殖粪便污染。

农作物生产污染主要有农药、化肥及地膜污染，在一些污灌区还有污灌所造成的污染。

农民集聚区生活污染主要有生活垃圾污染、生活污水及厕所粪便污染，这种情况在刚改水改厕不久的新村民聚集区更为多见。主要原因是村民虽然住新房子用自来水，享受现代生活的种种便利与舒适，但其文明卫生习惯、公共秩序意识及环保意识并没有随之建立起来。

集约化畜禽养殖粪便污染主要指在集约化养殖程度不断提高的情况下，畜禽粪便污染物排放的直接或间接污染。

有些农村存在异地污染源，尤其是靠近城市的农村。这类污染源主要有靠近农村的城市污染、城市周边各类企业或工业开发区污染、道路污染及污染物高空远程传输等。城市及企业对其附近农村的污染是多方面的，污染可通过大气、水体及固体废弃物等影响附近农村环境质量。在我国许多大城市或大企业周边都存在不同程度的污染带或污染圈，其中交通干道是一个重要污染源。近年来，我国的道路建设突飞猛进，公路网的构建，密切了城乡间联系，促进了经济发展并提高了人民生活水平，但也带来了环境污染问题。

我国农村还存在一类特殊污染源，即扎根于农村的乡镇企业（尤其是那些作坊式企业）。这些企业很多生产规模小，几乎没有任何污染治理设施，即使有也十分简陋，治理效果差。有的企业虽有污染治理设施，但只是一种应付检查的摆设，污染物仍直接外排。

2. 污染物种类复杂

农村污染物的来源决定了农村环境中存在的污染物更为复杂。农村污染物按基本属性一般可分为几个大类：生物类、无机类、有机类及有毒类。

生物类污染物包括畜禽粪便、作物秸秆、生产及生活过程中的生物废弃物（有些地方还包括城市的生活垃圾）。

无机类污染物包括各种有害的无机大气污染物。当有些无机物在环境中的含量超过环境承受能力时也就成了污染物。

有机类及有毒类的污染物种类更多，常见的有苯、二甲苯、甲醛、氨氮、硝酸盐氮、多环芳烃、多氯联苯、有机氯及其他农药等。

3. 污染途径、形式多样化

我国农村污染有三种基本途径，即大气污染、水污染和固体废弃物污染。在一些距城市、污染企业或公路较近的农村，还可能同时有多种污染。农村环境中的有些污染物来源明确，污染途径单一，但有些污染物，尤其是农田土壤中的污染物有多种污染途径。

4. 污染负荷大

农村既是一个环境污染物产生地，又是一个环境污染物承受者。目前，我国部分农村生活垃圾没有进行安全处置，垃圾随便丢弃在屋后沟边的情况十分普遍，靠近城市或企业的农村还在被动接纳大量来自城市和企业的各种污染物。

二、农村环境保护的重要性

（一）农村环境保护的紧迫性

随着工业化和全球化浪潮的席卷而来，生态环境问题已成为全球性的紧迫问题之一，如何解决生态失衡的问题，已成为全人类共同关注的焦点。我国自建立环境保护制度以来，环境污染防治的重点一直是工业污染和城市污染，农村环境保护常常被人们忽视。

改革开放以来，随着我国农业集约化的快速发展，农村生活方式的不断改变，城镇化和工业化对农村地区日益深刻的影响，我国农村生态和环境受到了一定影响。改善村风乡貌、提升农村居民健康和生活品质，成为我国全面推进乡村振兴的关键。当前，我国全面推进乡村振兴过程中面临着许多突出的环境问题：农村水资源短缺，饮水安全保障程度低；农村环境基础设施落后，环境卫生状况差；种植养殖废物产生量大，综合利用效率效益低；水体和土壤环境恶化，生态破坏严重；等等。农村生态环境问题亟待解决，并已逐渐成为全面推进乡村振兴的重中之重。

由于农村环境污染和生态破坏问题的突出，一系列农村公共卫生问题也就接踵而来：由于农药残留和使用不当引起的食物急性、慢性中毒事件时有发生；环境恶化、水土流失导致自然灾害频繁发生；乡镇工业污染饮用水源和灌溉用水，直接威胁居民健康；大型养殖场会造成恶臭污染，并传染寄生虫病等。如果不高度重视农村生态环境问题，不采取切实有效的措施加大环境保护力度，农村可持续发展的基础将被动摇，农民的健康将得不到保障，乡村振兴将无从谈起。因此，我们在大力发展农村经济，构建资源节约型、环境友好型社会的同时，必须充分关注农村生态环境保护。

（二）农村环境保护与环境建设的重要性

我国农村作为一个所占比重相对较大的区域，集聚着丰富的资源与生态条件，是“三农”的聚居地与载体，也是事关国民经济发展的重要区域。目前，我国农村人口比重仍然较大，农村仍然是农民生产、生活的重要空间。

目前，尽管我国的农业和农村经济已经获得了长足发展，取得了令人瞩目的成就，但从长远来看，农村和农业生态环境问题仍十分突出，严重制约着区域经济和社会的可持续发展。农业作为人类衣食之源的生产部门，是以转化自然资源为基础的，生态环境遭到破坏、资源减量降质，首先受影响的就是农业。环境污染和生态环境破坏导致的严重后果是多方面的：水土流失、土地沙化、植被减少、生物灭绝、水资源匮乏、干旱、洪涝、风蚀、病虫害、土壤污染废弃以及各种地质性灾害增加。上述严重后果会使我们丧失赖以生存的良好环境和经济与社会发展的基础，以及制约农业的可持续发展。

面对我国农业与农村发展中出现的资源与生态环境问题，人们应该重新审视、思考我国农业与农村发展战略与模式问题。从根本上进行结构调整、战略转变、机制创新，处理好发展与环境的关系、当前利益与可持续发展的关系，是我国农业和农村可持续发展的关键所在。

总之，农村环境保护与生态环境建设是实现农业与农村可持续发展和现代化建设的根本保障，是我国现代化建设进程中应该始终坚持的一项基本方针。改革开放以来，国家有关部门对环境保护与生态建设给予了极大的重视，在很大程度上遏制和减缓了生态环境恶化与资源退化的程度。我国在环境立法、执法、防治污染、生态农业建设等方面，已取得了显著成效。农村环境保护与生态环境保护和生态建设是一项关系到当代人类生存发展与子孙后代永续利用的事业，是一项应常抓不懈的光荣而艰巨的任务。

（三）解决当前农村环境问题的对策

农村环境问题种类繁多，分布面广，治理难度大，并不是仅依靠农民就能解决的问题，如不足够重视、及早防范和治理，将会造成更复杂、更有害、更难治理和恢复的被动局面。各级政府和职能部门应将加强农村环境保护摆在重要位置，制定政策，研究措施，落实责任。

1. 从战略高度关注农村环境安全

针对我国农村环境的严峻形势，必须强化社会公众的农村环境危机意识，大力宣传农村环境安全的内涵、特点、迫切性以及未来国家农村环境安全发展趋势，使公众认识到农村环境安全的重要性。必须从我国农村环境安全与粮食安全、经济安全以及社会安全相互关联的角度提高公众对农村环境安全的认识，增强全民环境意识与参与意识。必须摒弃传统、封闭的农业生态安全观，立足新发展阶段、贯彻新发展理念、构建新发展格局，从片面追求农业和农村经济增长，转变为农村经济、生态、社会、政治、文化全面和谐发展。

2. 加大资金投入和政策扶持力度

坚持“谁污染、谁付费，谁受益、谁负担，谁开发、谁保护”的原则，不断拓宽投资渠道，保证稳定有效的环保资金投入。健全地方为主、中央补助的政府投入体系，加强土壤、地下水和农业农村污染防治财政资金投入保障，探索建立多元化投融资机制。加快建立健全省级土壤污染防治基金。落实地方财政事权，推动建立省市县各级财政农村污水治理分担投入机制。

在全面推进乡村振兴的今天，我们应当积极采取对策，把农村环境问题摆上议事日程，要走生产发展、生活富裕、生态良好的文明发展道路，增强可持续发展能力，改善生态环境，推动建设生态宜居美丽乡村。

3. 加强农业科技的攻关和推广工作，大力发展生态农业

大力发展生态农业，加快生态示范区建设，对区域农业进行整体优化和管理，使农业生产建立在合理利用资源和保护生态环境的基础上，使农业生产实现高效、低耗、和谐和稳定发展。积极推广先进的耕作制度和使用高效、低毒、低残留的新农药，推广病虫草害综合防治和秸秆综合利用技术，尽快研制出对生物和环境危害较小的化肥、农药等农用生产资料，努力实现农业产业结构合理化、生产技术生态化、生产过程清洁化、生产产品无害化。

开展生态农业建设是控制农业面源污染的有效途径，应积极推广和利用先进科学技术，特别是生物技术。比如作物秸秆等，根据当地情况，因地制宜，引导农民自己走“秸秆—养殖—沼气—果林（蔬菜）”等模式的生产之路，或者建议地方政府投资建设以秸秆等为燃料的发电厂，提倡使用以秸秆为燃料的锅炉，这样既可减少资源浪费，又可以减少污水、二氧化硫、粉尘、废渣等污染。对养殖场废弃物排放，要制定排放标准，并在此基础上加强集约化畜禽养殖场污染管理的法规建设。对畜禽粪便的处理利用，要开发推广畜禽粪便无害化处理技术、综合利用技术等，使畜禽粪便实现无害化、资源化。

4. 强化乡镇企业环境管理，控制工业污染

地方政府要全面规划、合理布局乡镇企业，并与村镇建设相结合，相对集中乡镇企业。建立工业小区，实行集中管理，集中处理污染。对于不经济的污染企业要限制其发展；对产业结构不合理、污染排放严重、不能实现集中处理污染或污染物不能达标排放的企业要关停，逐步在乡镇工业企业中推行清洁生产。各地要因地制宜发展少污染和无污染的产业，推广废物最少化和清洁生产工艺。尽快研制、开发和推广适合乡镇企业不同类型的污染防治技术。各地政府要根据当地实际情况制定地方性环境保护法规，坚决关闭、取缔不符合要求的企业，实行排污许可制度。鼓励公众参与环境保护工作，充分发挥新闻媒体的监督作用。对于污染源企业的关、停、并、转要给予正确引导，并给予适当的经济补偿。

5. 加强宣传教育，增强人们的环保意识

环境问题，归根结底集中在人类能否正确处理经济发展与生态环境、长远利益与急功近利关系的问题上。因此，首先应增强领导决策层的生态意识、环保意识，克服短期行为。在处理发展与环境关系的问题上，坚持“三效统一”是制定和实施好生态环境建设规划的关键所在。要向农村干部宣传环境保护对生态建设的重要性，促使其充分认识加强农村环保工作的紧迫性。不断开展对农民的环保宣传教育工作，增强广大农民的公益意识、环保意识，鼓励农民积极参与环境保护工作、积极检举和揭发各种违反环境保护法律和法规的行为，从而在全社会营造人人关心环境、个个参与环境保护的氛围，把环境保护与生态建设工作提高到新的水平上。引导广大农民革除陋习，倡导科学、文明的生产和生活方式，帮助农民走上“生产发展、生活富裕、生态良好”的文明发展道路。对农民滥伐、乱挖、随意焚烧的行为要加强管理。大力推广使用节能炉、省柴炉、太阳能热水器等清洁、节能的生活用具，指导和帮助农民建立沼气池，对无法入池的废物要分类、集中处理。针对农民收入普遍较低的情况，政府部门要给予农民环保方面的补贴或资金支持。

6. 完善政府职能，健全环境管理体系，加大环保执法力度

完善政府职能，加强对农村环境的管理，应逐步建立健全农村环境保护的法规与标准体系，在已有的法规基础上，逐步制定、完善与农村环境保护工作有关的食品技术规范，农药、化肥、地膜污染防治与环境管理法规标准等，为农村环境保护工作提供完善的法律支持。加强环保队伍建设，乡、镇一级应设有环保机构或专人，提高环保队伍的执法能力。

7. 建立健全生态补偿制度，提高居民保护环境的积极性

实行有利于高质量发展的财税制度，建立健全资源有偿使用制度和生态环境

补偿机制。必须把生态文明建设放在工业化、现代化发展战略的突出位置，落实到每个单位、每个家庭。

因此，在农村，特别是生态环境脆弱的地区，建立和完善生态补偿制度对于全面推进乡村振兴、提高居民参与环境保护的积极性具有重要意义。在农村生态环境建设与发展过程中，居民是生态环境事业的直接参与者与受益者，其作用十分重要。

8. 健全农村生态环境保护的法规制度

纵观各国对农村生态环境问题的防治，都是运用法律和制度手段，发挥政府的主导作用，将生态环保政策作为一种经济发展政策，强调生态环境措施的多样性、创新性和灵活性。为了从源头防止农村环境污染和生态破坏，或者即使产生也可以采取治理措施把危害降到最小，政府需要进行一系列的法律保障和制度设计。

第一，建立健全与农村生态环保有关的法规。切实执行与农村生态环境相关的法律并严格执行，在宏观政策层面做到有的放矢。

第二，建立农村生态环境影响评价制度。从政策源头上把关，控制生态环境问题产生。

第三，建立综合决策和协调机制。把农村生态环保的内容切实纳入国民经济整体战略规划和各级政府计划中，加强集成。

第四，制定国家农村生态环保专项规划。实施“农村人居环境整治提升行动”，开展创建文明生态村活动。

第五，建立对农村和农村经济的绿色统计及审计制度。改变过去忽视生态环境效益的评价方法，开展绿色经济核算，扣除农业资源和农村环境损耗。

第六，强化政府社会管理和公共服务功能。解决农村自身难以消除的外部不经济问题，利用各种手段激发农村生态环保的内在动力。

第七，建立健全农村生态环境的治理制度。例如，积极运用公共财政、财政补贴、低息贷款等经济手段建立国家农业生态补偿机制；综合运用排污许可制度、排污权交易制度、抵押返还制度、环境损害责任保护制度、垃圾处理转移支付制度等，防治农村城市化、农村工业化过程中污染产业对农村生态环境的破坏。

第八，科学构建农村生态环境的安全体系。为提高农村生态环境灾害的应急能力，减轻灾害的损失，应尽快建立健全国家和区域两个层次的农村生态环境安全监测和评估系统以及预警和应急系统。

第二节　生态环境建设的基本要素

一、村容村貌

村容村貌建设是农村生态环境建设的重要组成部分，是全面推进乡村振兴不可或缺的重要环节。村容村貌的状况直接体现了农村生态环境的水平。村容村貌建设滞后于经济建设是目前我国农村生态环境建设中的一个突出问题和薄弱环节。通过对农村村容村貌的建设，可以有效地改变农村的脏、乱问题。通过对村庄环境的绿化美化、卫生保洁等方面的建设，可以明显提高农村生态环境质量。

二、产业结构

农业产业结构调整就是按照生态学原理和生态经济规律，因地制宜地设计、组装、调整和管理农业生产和农村经济的系统工程体系。要求把发展农业与第二、第三产业结合起来，利用传统农业精华和现代科技成果，通过人工设计生态工程，协调发展与环境之间、资源利用与保护之间的矛盾，形成生态与经济的良性循环，进一步加快基础设施建设，切实加强生态环境建设，积极调整产业结构。在合理利用资源、提高农业系统生产力的过程中重建生态，彻底改变农业生产的传统格局，大幅度改善生态环境质量，促进生态环境的恢复与农业的可持续发展。

三、水资源利用

农业产业本身的利润较低，但是其生态保育功能带来的非市场价值巨大，难以估量。例如，农产品种植不仅能起到涵养水源、保育土壤、净化环境、供氧固碳的作用，还能维持生物多样性。在水资源安全方面，农业生产能发挥滞蓄雨水、净化水质及防洪功能。

粗放型的水资源开采和利用模式有效维护了农业安全，然而生态安全如何保障取决于水资源利用模式和利用技术。随着经济的发展、先进技术的面世，提高农业水资源利用效率变得切实可行。提高资源管理水平，发展生态农业，能在很大程度上减少水资源面源污染，逐步恢复和完善水资源的生态自身修复功能。

四、土地利用

农村土地利用与生态安全关系密切。因此，农业土地利用应严格管理。科学而严格的管理是实现生态保护、自然资源可持续利用的重要条件。依靠科技进步，全面提升耕地的产值。具体来说，要加强耕地保护的科学研究和技术创新，重点开发保护性耕作、地力培肥、中低产田改造、退化耕地修复等技术，在已有耕地上加大科技含量，提高单位粮、油、棉等产量及质量；完善耕地保护的预警、预报、评估技术体系，提高耕地生态环境保护的执行力。

五、生物多样性

生物多样性是指一定空间范围内，多种多样的有机体有规律地结合在一起的总称，它既是生物之间以及其生存环境之间复杂的相互关系的体现，也是生物资源丰富多样的标志。一般来说，在一个区域内，生物的种群越大，它的遗传多样性也就越强；生物的物种越多，食物链就越复杂，生态系统中能量流动与循环的层次也就越多；系统的稳定性越强，就越有利于生物延续与发展。生态环境主要指的是无机环境，如地貌、气候、土壤、水文等。农村生物多样性是农村居民生存“必不可少的生命支持系统”，是农村经济发展的基础。它不仅为农村居民提供了必不可少的生物资源，而且也构成了农村居民生存和发展的生物圈环境，它是农村生态环境的重要组成部分，也可以说是核心组成部分。生态环境多样性是指一定区域内具有多种多样的生态环境，它不仅与生态环境变化有关，也与物种本身的多样性和兴旺程度密切相关，一旦遭到破坏，难以恢复，所以要特别加以保护。

六、清洁能源

发展清洁能源可以改变农村能源消费结构，提高农村能源节约程度，改变农民传统生活能源发展模式，减少环境污染，改善农村生产生活条件，促进农村经济发展。农村清洁能源主要包括太阳能、沼气、风力发电、微型水电、生物质能等，均属于洁净、无污染、可再生的能源，具有广阔的应用前景。我国可再生能源资源丰富，我国广大农村存在着丰富的太阳能、风能和水能等可再生能源，均可以作为清洁能源来加以利用。如果我国农村地区能够立足所拥有的能源条件，利用新型清洁能源生产技术，大力发展农村清洁能源，减少煤炭等常规化石能源的消耗，不仅有利于节约农民的生活用能开支，提高农民生活质量，实现农业资源的再生增值，还有利于农村环境乃至整个生态环境的改善，带动农村经济可持续发展。发展农村清洁能源不仅能解决农村能源问题，而且能将农民的生产、生活有机地结合起来。因此，发展清洁能源对全面推进乡村振兴具有重大的现实意义。

我国清洁能源城乡发展不平衡，与城市相比，农村地区清洁能源的发展水平还相对落后。但随着国家对“三农”问题的重视，各级政府和部门制定出台了相关的发展规划和建设方案，颁布并实施了一系列与发展清洁能源相关的法律法规。同时，农村地区基础设施也有了很大发展，为进一步发展清洁能源、改善能源发展模式和消费结构提供了基础。

第三节　加强农村生态环境建设的措施

一、概述

农村生态环境是村民生存和发展的基本条件，是其经济发展的基础。生态环境建设是指水、土、气、生等自然资源（或再生自然资源）的保护、改良与合理利用。生态环境建设是一项功在当代、利在千秋的系统工程。农村生态环境建设各项措施在制定与实施过程中，应坚持统筹规划，突出重点，量力而行，分步实施。我国农村生态环境建设各项措施的实施取得了可喜的成绩与丰富的经验。

二、生态林业建设

（一）退耕还林还草

退耕还林还草是农村生态环境建设的必由之路，但退耕还林还草的生态建设必须尊重科学，如何科学地实施退耕还林还草的生态建设，直接关系到生态建设工作的成效。

欲有效地实现退耕还林还草，就必须吸取历史教训，坚持依靠科学，尊重自然规律，以景观生态分布规律为指导，宜林则林，宜草则草。从实际出发，依靠植被自然恢复功能进行生态环境建设。加大力度建设沙地柏、杜松林、长梗扁桃等自然保护区。启动市、县、乡、村等多级预防监督管护网络，强化退耕、禁牧、封育工作，促进生态自然恢复，从源头上扭转生态环境恶化趋势。与此同时，重视解决生态建设中已经存在和即将面临的一系列问题，推动以恢复林灌草植被为核心的生态建设工作的健康发展。

（二）加强生物多样性保护

生物多样性是指生物及其与环境形成的生态复合体以及与此相关的各种生态过程的总和，主要分为遗传（基因）多样性、物种多样性和生态系统多样性三个层次。生物多样性是人类赖以生存和发展的物质基础，作为一种重要的可再生资源，对维持生态系统的稳定、提升生态承载力和生态系统的服务功能，起着不容忽视的作用。近年来，随着农村人口迅速增长和经济活动加剧，人类赖以生存的生物多样性受到严重威胁，保护和合理利用生物多样性成为农村生态环境建设的重要措施之一。

若要实现生物多样性的保护，需加强特有、珍贵野生动植物种类和湿地保护，建立自然保护区，构建生物多样性重点保护的空间体系。加强法治建设，构建生物多样性保护分析评估的方法及评价体系，有效推动生物多样性保护工作。完善管理机构设置，加大经费投入，为生物多样性保护奠定物质基础。搭建平台，加强生物多样性保护的国际交流与合作。强化退耕、禁牧、封育工作，从源头上扭转生态环境恶化的趋势。

（三）建立生态补偿机制

生态补偿机制的制定是为了解决生态环境破坏和环境污染造成的经济损失应该由谁来承担的问题，是一项具有经济激励作用、与“污染者付费”原则并存、基于“受益者付费和破坏者付费”原则的环境经济政策。生态补偿机制的制定意味着经济主体在拥有资源与环境发展权的同时，也要承担相应的责任，即给予受损生态环境和为保护生态作出贡献的经济主体相应的补偿。构建生态补偿机制，还原生态以价值，有利于缩小区际差距，促进环境建设，走可持续发展的道路，同时也符合构建和谐社会的精神。经过环境管理实践，我国建立了完备的资源法和环境保护法体系，形成了许多行之有效的管理手段和工具，体现了生态补偿理论的特征和要求。但生态补偿作为一种新型环境管理制度，在我国推行还面临着许多困难和制约因素。

建立生态补偿机制是落实新时期环保工作任务的迫切要求。生态环境补偿的方式，分为经济补偿和非经济补偿。经济补偿是目前最常用的方式，主要途径有财政转移支付、基金、押金制和执行保证金；非经济补偿途径有实物补偿、技术补偿和政策补偿。加快建立资源开发和生态环境补偿机制，出台煤炭、石油、天然气资源开发区生态环境补偿具体办法，设立生态补偿基金，加快生态恢复治理，全面征收水资源费和水土流失补偿费，推行生态修复保证金制度，设置项目绿化指标，建立“开发一块、绿化一片”的约束机制等，均为有效的生态补偿机制建立措施。

三、生态农业建设

（一）调整农业产业结构

要促进农业发展和农民增收，就必须调整农业产业结构，从农业内部挖掘潜力。现阶段，我国农村农业产业结构的矛盾在发展过程中日益暴露出来，主要包括农业产量不断增加，但是产品的质量逐步下降，农业生产对其经济效益过度追求，忽视了农业产品本身的质量，导致农产品在市场中的竞争力下降。农村种植业结构不协调，绝大多数农村农业种植都是以粮食作物为主，而经济作物所占的比重很小，不能发挥经济作物的优势。由于农村地块面积、田地集中性等因素的制约，加上农业经济投入量少，我国农业机械化水平偏低。农村农业市场不够完善，没有建立健全的农业市场管理体系，导致农业结构功能缺失。

若要实现农业产业结构的有效调整，必须大力推行农业机械化，调整农业产业结构重心，对种植业机械化产品结构进行合理调整，引进先进的农业生产设备，提供更加完善的社会化服务，促进机械化改革进程。必须立足自身禀赋，加强农业产业结构战略性调整，鼓励民资发展高效农业、生态农业、休闲旅游农业，提高农业质量和效益，提高市场竞争力。同时，要严格限制农业内部结构调整、非农业建设占用耕地，根据区域内土地资源和社会经济发展规划合理制定土地利用总体规划，确定区域土地开发利用方向，通过各种途径提高土地利用效率，依法处置闲置土地，合理地开发利用土地资源。

（二）增加农民收入

作为农业大国，我国经济发展的整体水平和质量离不开农村地区的经济发展，只有我国人口中占大多数的农民实现富裕才能真正实现国家的繁荣富强。改革开放以来，农业生产实现了大发展、农村面貌焕然一新、农民群众切实享受到了实惠，农业农村发展实现了历史性跨越。

若要持续增加农民收入，要始终把加快经济发展作为富民增收的重要前提，突破结构瓶颈，坚持发展高效农业，持续提高务农性收入；坚持发展先进制造业，稳定提高工资性收入；坚持发展现代服务业，不断提高经营性收入。始终把创新体制机制作为富民增收的重要途径，拓宽收入渠道，要放开发展民营经济，放手发展合作组织，放活农村经营机制。始终把“口袋”“脑袋”共同作为富民增收的重要内涵，着力以公共服务来提高水平，着力以文化建设来提升素养，着力以先进典型来激励推动。始终把优化政策服务环境作为富民增收的重要保障，进一步优化就业创业政策体系，进一步创新农村金融科技支撑体系，进一步完善农村社会保障体系。解决农民增收问题，除了要开源还要节流，要切实减轻农民的各种负担。

一是要切实解决好农民看病难的问题。积极推行新型农村合作医疗制度，做到农民应保尽保。将失地农民纳入城镇社会保障体系，维护其基本的生存线。同时要严控定点医院的药价，简化药费报销手续，从而尽可能地减少农民的住院和购药费用支出。

二是要严格控制农用物资价格上涨。坚决避免农业生产资料价格上涨导致成本增加，从而抵消农民由于农产品价格上涨带来的好处等现象的发生。

（三）强化土地管理

土地是民生之本，发展之基。国以民为本，民以食为天，保护耕地就是保护我们的生命线。珍惜并合理利用土地和切实保护耕地已成为我国的一项基本国策。在人、地矛盾日益尖锐的今天，保护和合理利用每寸土地是每个人应尽的义务与职责。

强化土地管理的有效措施有以下几点。

1. 严格保护耕地和基本农田

第一，通过各种生物、工程措施，通过改善水利设施，增施有机肥，改进耕作方式等措施，加强农田水利建设，建设高产优质农田。

第二，政府对准基本农田保护区实施一系列的优先优惠经济政策，弥补当地农民的机会成本，调动当地农民保护基本农田的内在经济动力，以便能够真正地将准基本农田长期保护起来。

第三，应用耕地和基本农田信息数据库，建立基本农田统计台账，完善登记和日常管理制度。

2. 强化执法监督检查

查处滥用土地和非法占用耕地。借助土地执法检查和基本农田大检查，公开曝光耕地问题，加大大案要案的查处力度，增强政府和社会各界对基本农田的保护意识，加大土地执法的威慑力，遏制乱占滥用土地的现象。

3. 严格土地调控

严格土地调控，严格控制新增建设用地，同时做到建设用地审批提前介入。改变项目选址的随意性，主动参与项目用地选址，引导项目建设不占耕地或少占耕地，严把土地“闸门”。

4. 建立严格的考核标准

针对在耕地保护上存在的各种问题，切实保护耕地、落实责任是关键，应建立严格的考核奖惩机制，强化领导责任，形成齐抓共管的耕地保护格局。建立完善保护耕地的领导目标责任内容体系，要结合具体实际，细化具体内容，明确领导责任，实行量化考核。年终总结要首先考核责任指标的完成情况。严格考核奖惩制度，考核干部政绩，要实行耕地保护和土地管理方面的一票否决权。工作失职的，要追究责任。同时，要建立耕地保护激励机制，对工作成绩突出的进行表彰奖励。

5. 内涵挖潜、加大土地整理力度

结合中心村建设，消灭“空心村”，采取修整农田、整理废弃的宅基地、工矿企业废弃地等措施，挖掘土地潜力，同时，逐渐使耕地向规模经营集中，改善生态环境，使耕地质量提高、数量增加。

四、水资源生态建设

（一）发展农田高效节水灌溉

目前在一些农村，节水意识不强，存在漫灌的情况，没有根据实际情况来进行灌溉。管理力量较为薄弱，一些灌区缺乏有效的管理，出现大渠不停水、小渠尽管流的问题。除此之外，一些渠道存在渗漏严重的问题，而且资金短缺导致常年失修，加剧了水的渗漏，使得渠道水无法得到有效的利用。节水灌溉，就是要改变人们浇地的传统习惯，按作物的最佳需水要求进行浇灌，用少量的水，取得高的产出效益。节约农业用水，是缓解水资源不足的有效途径，是传统农业向高产、高效、优质农业转变的重要措施。高效节水灌溉技术主要有三种，分别是微灌技术、喷灌技术以及低压管道灌溉技术。其中，微灌技术又可以分为滴灌、微喷灌和涌泉灌（小管出流）。高效节水灌溉是当前农业生产过程中的一个重要部分，可以实现对水资源的充分利用，同时能够对农田进行充分的灌溉，提高农业生产水平。此外，高效节水灌溉技术的应用还可以提高土地的适应性，提高土壤自身的活性，对于农业生产有很大的帮助。但是，相对于传统的灌溉技术而言，高效节水灌溉投入更多，尤其是在一些地理条件比较恶劣的地区，其成本可能会更高。在农村发展农业高效节水灌溉，主要从以下几个方面实现。

1. 依据作物类型和水土条件，因地制宜选用农业节水灌溉技术

（1）地面灌溉技术

在农田水利建设中，地面灌溉技术包括的内容较多，主要有覆盖蓄水灌溉技术、膜垄沟灌技术、膜下滴灌技术和免耕技术等。膜垄沟灌技术主要作用于玉米和小麦等作物的耕种，和其他传统的地面灌溉技术相比可以节约20%的水，对农田节水灌溉具有一定的推动作用。

（2）渠道防渗技术

在传统的灌溉输配水当中，输水渗漏较为严重。一般情况下，传统的土渠输水会有50%～60%的水没有得到利用，这导致了水资源的极大浪费。对于一些土质较差的农田来说，损失率更高。因此，做好渠道的防渗漏成为我国高效用水的主要措施。渠道防渗不但可以有效提高渠道水的利用率，还可以增强渠道输水的安全性，提高输水的能力。除此之外，渠道防渗还可以有效地调节地下水位，使渠道的淤积减少，防止杂草丛生，达到降低灌溉成本的目的。

（3）喷灌技术

在农田节水灌溉中，喷灌技术要结合相应的设备来使用，一般情况下采用加压水泵和动力机设备来进行，有时候也会利用水自然下降出现的动能使水压缩到管道里面去，从而通过喷嘴把水喷到空气中，均匀地洒到农田上。通过这样的方法可以使大面积的农作物得到灌溉，而且达到节水的目的。

（4）滴灌技术

滴灌是按照作物需水要求，通过管道系统与安装在毛管上的灌水器，将水和作物需要的水分和养分一滴一滴、均匀而又缓慢地滴入作物根区土壤中的方法。滴灌不破坏土壤结构，土壤内部水、肥、气、热保持适宜于作物生长的良好状态，蒸发损失小，不产生地面径流，几乎没有深层渗漏。滴灌较喷灌等其他灌溉方式具有更高的节水增产效果，是目前干旱缺水地区使用最多的一种节水灌溉方式，水的利用率可达95%，可适用于果树、蔬菜、经济作物以及温室大棚灌溉，在干旱缺水的地方也可用于大田作物灌溉。滴灌的不足之处是滴头易结垢和堵塞，因此应对水源进行严格的过滤处理。

2. 发挥农民的节水主体作用

要让节水的主体农民受益。对于节水灌溉工程，要根据它的节水效果和当地的经济发展水平给予补偿，使广大农民对节水灌溉的投资回报要高于社会平均投资利润，利用经济杠杆推动节水灌溉发展。

3. 改革现有的管理体制和运行机制

对小型灌溉工程采取承包、租赁、拍卖及股份合作等方式，形成农业集约经营模式，使农业的生产规模足以适宜引进现代喷灌、微灌等节水设施，提高农业的生产效益，使农业节水灌溉的发展进入良性状态。

4. 加大投资力度，改革灌溉工程建设和维护的投资体制

多渠道融资，积极探索在市场经济条件下，农村水利资金高效利用、滚动使用的合理方式，开辟股份制、股份合作制、合资、独资等资金渠道，实行“多元化融资”，改变过去灌溉工程建设和维护过分依赖政府的局面。

5. 进一步搞好节水灌溉规划

制订长期发展战略规划，实施与经济社会发展相适应的节水工程建设，必须发挥节水主体的作用，完善节水政策，建立节水技术的科研推广服务体系等，有计划、有步骤地整体推进规划实施。

6. 制定有利于农业节水发展的相关政策

合理制定水价。全面推行农业用水总量控制、定额管理；在现阶段实行定额内灌溉用水不收水费，超定额用水按照累进加价制度收费；限制开采深层地下水，鼓励使用再生水；科学核定农业用水成本，按照成本加微利的定价原则，建立并完善农业用水计量体系和社会监督体系。

7. 建立现代农业节水科研推广体系

加强农业节水新技术、新设备的研究开发，完善农业节水规程、规范和设施及农作物种植节水灌溉制度。同时，引进国外先进的节水技术，结合农村水利管理信息化体系的实施，提高节水灌溉的现代化水平。

（二）建设生态清洁小流域

生态清洁小流域建设是在新的形势下，面对水资源问题，结合水土流失的特点提出的。具体做法是以小流域为单元，根据系统论、景观生态学、水土保持学、生态经济学和可持续发展等理论，结合流域地形地貌特点、土地利用方式和水土流失特性等，将小流域划分为“生态修复、生态治理、生态保护”三道防线，以此三道防线为主线，紧紧围绕水少、水脏两大主题，坚持山、水、田、林、路统一规划，工程措施、生物措施、农业技术措施有机结合，治理与开发结合，拦蓄灌排节综合治理的新理念，以达到控制侵蚀、净化水质、美化环境的目的。

五、水土流失与荒漠化防治

（一）水土保持生物林草措施

水土保持生物林草措施是指在水土流失区植树造林种草，增加地表植被覆盖，保护地表土壤免遭雨滴直接打击；拦蓄径流，涵养水源，调节河川、湖泊和水库的水文状况；提高土壤抵抗水流冲刷的能力，防止土壤侵蚀，改良土壤，改善生态环境。我国采取水土保持生物林草措施历史悠久，生物林草措施对减少径流泥沙的正面效应已为大家公认，它主要是通过林冠截流、林下草灌和枯枝落叶层的拦蓄以及植物根系对土壤的固结作用来保持水土、涵养水源、改善土壤肥力。

农作物种植也是生物林草措施，因为农作物是一种生物，增加了地表覆盖，能拦蓄一定量的降雨径流和泥沙，故而不同种植方式如轮作、间作等的作物也算作生物林草措施。常见的作物种植方式有以下几种。

1. 轮作

轮作又称“倒茬”，是在同一块土地上按时间先后顺序种植不同作物的一种生产方式。按照生产任务和种植对象，通常将轮作分为大田轮作和草田轮作。大田轮作以生产粮食或工业原料为主，包括为了满足专门的生产要求而建立的专业轮作，为了能多方面满足国家对农产品需求而建立的水旱轮作以及为后茬作物提供较好水肥条件的休闲轮作。草田轮作以生产粮食作物和牧草并重，包括利用空闲季节或作物行间隙地的粮肥轮作和绿肥轮作，以及以生产饲料为主，同时也种植粮食作物或蔬菜作物的饲料轮作。

2. 间作、套种和混播

间作是在同一块土地上于同一生长期内分行或分带相间种植两种或两种以上作物的栽培方法，如玉米与大豆间作。套种是在同一块地上，不同时间播种两种以上的不同作物，在前种作物未收获时，就把后作播种在前作的行间，如小麦与黑豆套种等。混播是指在同一块地上，两种作物均匀撒播或混合播种在同一播种行内，或在同一播种行内进行间隔种植，如小麦与豌豆混播等。

（二）水土保持耕作措施

水土保持耕作措施是以保水保土保肥为主要目的，以提高农业生产为宗旨，以犁、锄、耙等为耕地农具所采取的改变局部微地形或地表结构的措施。

现代常用的水土保持耕作措施主要有以下几种。

1. 等高耕作（横坡耕作）

等高耕作是指沿等高线垂直于坡度走向进行的横向耕作，是坡耕地实施其他水土保持耕作措施的基础。沿等高线进行等高耕作，在犁沟平行于等高线方向形成许多蓄水沟，能有效拦蓄地表径流，延长水分入渗时间，减少水土流失，利于作物生长发育，从而达到增产的目的。

2. 等高沟垄耕作

在等高耕作的基础上，沿坡面等高线开犁，形成沟和垄，在沟内或垄上种植作物，这种耕作方式称为等高沟垄耕作。沟垄耕作改变了坡地微地形，将地面耕成有沟有垄，使地面受雨面积增大，减少了单位面积上的受水量。一条垄等于一个小土坝，沟内集蓄雨水，增加降雨入渗，可有效地减少径流量和冲刷量，减少土壤养分流失。

3. 垄作区田

在坡耕地上犁出水平沟垄，作物种在垄的半坡上，在沟中每隔一定距离作一土垄，以蓄水保肥并防止横向（沿垄沟方向）径流的发生，区田拦截降雨，垄上种植作物。

4. 套犁沟播（套二犁）

沿等高线自坡耕地的上方开始，逐步向下，每耕一犁后，在原犁沟内再套耕一犁，以加深犁沟，增加其拦蓄径流量。

5. 等高带状间作

等高带状间作是沿着等高线将坡地划分成若干条带，在各条带上交互和轮换种植密生作物与疏生作物或牧草与农作物的一种坡地保持水土的种植方法。

（三）水土保持工程措施

水土保持工程措施是水土保持综合治理措施的重要组成部分，是指通过改变一定范围内（有限尺度）小地形（如坡改梯等平整土地的措施），拦蓄地表径流，增加土壤降雨入渗，改善农业生产条件，充分利用光、温、水、土资源，建立良性生态环境，减少或防止土壤侵蚀，合理开发、利用水十资源的措施。我国历代劳动人民在水土保持实践中创造了许多行之有效的水土保持工程措施，根据兴修目的及其应用条件，水土保持工程措施可分为山坡防护工程、山沟治理工程、山洪排导工程和小型蓄水用水工程。

六、环境污染防治

（一）水污染防治

随着农村生活条件的改善及经济的发展，农村环境问题早已引起了公众的注意，特别是水资源作为一种稀缺性的、相对可再生的自然资源，作为一种人类赖以生存和发展的重要的环境要素，在农村的污染现状是令人担忧的。我国农村水污染形式主要是农民日常生活污水、农业生产废水及乡镇企业生产废水。造成我国农村水污染现状的原因主要有农村居民环保意识不强、水资源的经济特性、农村地区环境保护设施建设不足、我国农村水污染防治法治建设方面存在缺陷等。

农村水污染防治主要可以从以下几个方面展开。

第一，抓住加快小城镇建设的契机，利用利益机制调控农村乡镇工业向小城镇集中。以循环经济理念建立工业园区，实现减量化、再利用和资源化。在小城镇经济发展过程中，必须以循环经济理念为指导规划工业园区，实现园区内各乡镇企业共享资源和互换副产品的产业共生组合，达到产业之间资源的最优化配置，使区域的物质和能源在经济循环中得到永续利用，从而实现产品清洁生产和资源可持续利用的环境和谐型经济模式。

第二，全面推进乡村振兴，政府加大对农村基础设施的投资力度。随着我国农村经济的发展和农民生活水平的提高，生活垃圾和生活污水的排放量逐年增加。在全面推进乡村振兴过程中，建设规模经济要求修建污水处理设施，实现农村居民生活污水的集中处理。农村地区的生活污染物相对比较简单，因此也可以采用人工湿地、稳定塘、芦苇塘、氧化塘以及其他一些土地处理技术。

第三，提高城市污水处理率，减少污水向农村的排放，提高农村水环境质量。应抓紧治理城市点源污染，充分利用市场手段，发展利用社会资本，努力拓宽投资渠道。采取集资、贷款、自筹资金、国家投资和利用外资等多种渠道筹措资金，采取建设—运营—移交（BOT）、建设—移交—运营（BTO）、建设—转让（BT）、移交—运营—移交（TOT）等多种方式尽快建设城镇污水处理设施，并保障正常运转。

第四，发展生态农业，减少农药和化肥的面源污染。加强农药和化肥安全管理，推广高效、低毒和低残留的化肥和农药，取消政府对农业的化肥和农药的补贴，改变农业支持价格政策的具体形式。核定每亩土地使用化肥和农药的数量，在规定施用量范围内，制定政府支持价格；对于超标施用量，制定高价。在保证农产品的产量提高的基础上，提高我国现阶段化肥和农药利用效率，降低化肥和农药的施用量，从而有效防治我国农村生态环境的污染。此外，征收面源污染税，将外部不经济性内部化，降低上述面源污染产品的供给。

第五，完善信用制度，凸显环境友好产品的价格优势和生态优势。由于环境友好产品市场的信息不完全，监管机制不完善，产品生产过程不透明，信用制度欠缺，价格不合理，所以，我国现阶段绿色产品的市场销路并不乐观。因此，应当完善信用制度，避免产品市场上从生态环境保护角度出现“劣币驱逐良币”的现象，即有机食品、绿色产品和无公害食品的质量和价格优势不明显，经济效益低的现象。同时，对于绿色产品的生产应给予产业倾斜政策，通过信贷、税收和财政补贴等形式，为绿色产品的生产提供更为广阔的发展空间。

第六，协调环境政策。建立生态效益补偿机制，由受益者向供给环境资源（包括环境容量）的农民进行经济补偿；建立自然资源共管模式，强调当地社区居民在管理中的参与，而不只是被管理、被管制的对象；政府通过宏观政策统筹环境和贫困问题，纠正市场在形成生态资源价格方面的失灵，同时改革税收体制，建立综合的生态环境和自然资源的定价和税制框架。

（二）大气污染防治

人们在谈到空气污染问题的时候，大多会把目标投放到城市，但是，随着近年来我国现代化进程的加快，在城市环境日益改善的同时，农村的污染问题越来越突出，农村大气环境受污染状况不容乐观。如何正确地认识并解决农村大气环境污染问题是农村生态环境建设的重中之重。对农村大气污染进行防治，可采取以下措施。

1. 加强宣传，强化农村大气环保意识

农村居民保护大气环境的意识不强，对大气污染给人们的生产生活带来危害的认识不足。针对这种情况，各级部门应该充分利用各种渠道，大力宣传法律法规，增强农村居民对保护大气环境的意识。针对农村居民的认识水平，使用他们喜闻乐见的方式和通俗易懂的方法，进行宣传和引导。

基层工作者要学会抓住农民群众的心理，将大气环境的治理与他们的休戚相关的生产生活相结合，与他们的切身利益和生活水平的提高相结合，这样才能增强农村居民的大气环境保护意识，使其主动改变自己落后的生产生活方式，并乐于采取上级部门要求落实的整治措施，也有利于促进农村大气污染的整治。

2. 加大投入，改善农村生产生活方式

长期以来，农村落后的生产生活方式，是导致农村大气环境污染的重要原因之一。例如，农村收获季节，焚烧农作物秸秆的现象时有发生；农用机械车辆油气排放量超标严重；农村居民家家户户分散的取暖方式等，这些都是农村大气污染排放的源头。对于这些方面的改造，除了通过法律法规给予限制外，各级部门要积极加大对农村的投入力度，采用科学的手段和措施，逐渐提高和改善农村地区落后的生产生活方式。从科技、人员、资金等各个方面予以支持，以科技兴农为指引，对落后的生产方式进行革新。

3. 严格执法，整治农村地区工厂企业

随着近些年来县城和乡镇招商引资工作的开展，越来越多的大型企业和工厂落户广大农村地区，其中就有一些高污染、高排放的重工业企业。这些高污染、高排放的企业给农村大气环境带来了威胁。地方政府首先必须要从思想上提高认识，严格把好关，按照法律法规引进工业企业，依法设厂，坚持环保标准，严格审批程序，坚决不引入超标准污染企业。其次要加强大气环境监管，对于排放大

气污染的工厂企业责令整改，对于那些整改效果差、群众反映强烈、高污染高排放的企业，坚决实行"关、停、并、转"。最后要注重调整和优化产业结构，吸收引进科技含量高的工业企业，并将治理工业排污与治理农业排污结合起来，在大气环境治理工作上形成以工促农，生态工业和生态农业双赢的局面。

（三）固体废弃物污染综合防治

固体废弃物污染是农村环境污染的一个重要方面。近年来，随着农村经济的发展，农民生活水平大幅度提升，农村固体垃圾排放增多，农村环境受到了很大的影响。因此，加大农村固体废弃物防治工作既是时代的需要，也是当务之急。

1. 完善相关法律法规建设

加强环境保护是我国的一项基本国策。农村环境立法的缺失是目前农村环境污染问题得不到有效治理的主要原因。因此，我们一方面要加大立法保护力度，逐步建立和完善农村环境保护法律法规，根据国情需要制定一部专属于农村环境保护的农村环境保护法，以做到有法可依；另一方面要求相关部门，在现有的法律法规条件下，严格执行环境保护政策和法规，加大执法力度，做到有法必依。

2. 全面增强居民环保意识

农村居民环保意识薄弱是造成当前农村环境问题的重要原因之一，同时也是造成农村居民在治理环境中不积极、不主动的主要因素。因此，有必要通过各种途径，如广播、电视、标语等多种方式，宣传环保，增强广大农村干部群众的责任意识和参与意识，并促进其良好习惯的养成。同时，还要将环保教育纳入教育的基本内容，组织农村学校开展环保教育等相关活动。

3. 促进农村产业结构调整

农村固体废弃物污染从本质上来说，是由农业产业结构和布局不合理所造成的，因此必须做好各个地区的农业长远发展规划，调整现有农业产业结构。借鉴工业上清洁生产的成功经验和思路，大力发展农业清洁生产，即打破传统的末端治理的模式，开展全过程的污染控制，从源头抓起，在生产的每个阶段都注意防止污染物产生，使废物产量最小化，并将每个环节产生的副产品与废物及时回收，综合利用。

4. 综合分级处理管理模式

在固体废弃物的处理管理中可以借鉴三级化的固体垃圾处理模式。第一级，建立严格的分类标准，根据现行的固体废弃物处理方式，可以将固体废弃物分为可回收废弃物和不可回收废弃物两大类，分开收集、储存并最后处理。第二级，可回收固体废弃物分类收集与处理。例如农村秸秆、牲畜粪便等可以集中回收并再次利用，走循环的可持续发展道路。第三级，不可回收固体废弃物处理，可以采取集中回收，通过一定的科技手段，集中掩埋的方式，减少处理成本。

第四节　农村生态环境建设的评价

一、生态环境建设的基本理论

生态环境建设理论既源于人类生态环境建设的实践，又指导着实践生态环境建设。

（一）系统科学理论

系统科学理论就是将生态、经济和社会作为一个系统，从客观、全面的角度对一定区域内的建设内容进行统筹考虑，为保护环境、建设适合人类生存需求的环境和可持续发展而采取一系列的相关措施。在生态环境建设中，要用系统科学的观点，研究系统内部及内外部各因素的相关关系。

（二）循环经济理论

循环经济的原理主要是资源的再利用、节能减排。循环经济涵盖了生产、流通、消费的全过程，目的是实现资源投入的经济性、废弃物的再利用等。这一方面可降低生产给环境带来的污染程度和治理污染的费用；另一方面还可使企业获得可观的经济效益。

（三）可持续发展理论

可持续发展是指经济建设和社会发展要与自然承载能力相协调，既满足现实需要，又要使环境、资源等具备历史的延续性。生态环境建设是通过对现有资源承载能力和发展潜力的估测，因地制宜地开展相应的保护和建设活动，提高区域的资源承载能力、区域的生产能力和环境耐受能力，保证资源利用之间的代际平衡，促进生态、经济和社会的可持续发展。

（四）景观生态学理论

景观生态学既研究自然景观，也研究人文景观，包括区域内生物种的保护与管理、环境资源的经营与管理、人类对景观及其组分的影响等方面，内容涉及城市景观、农业景观、森林景观等。生态环境建设与景观生态学密切相关。生态环境建设就是通过人为的适度干扰，从空间尺度和时间尺度上安排各景观要素所处的地位和等级，尽可能使景观格局呈现多样性、异质性，并在功能上表现出稳定性和连续性。

（五）生态环境服务价值理论

环境经济学中提到的生态环境服务价值，综合考虑了资源的使用成本、价值和价格，从而为阐释生态环境建设与经济发展的联系提供了依据。在利用环境经济学计算生态服务的价值时，人们普遍参考了全球生态系统服务价值的计算方法，从而计算出全球生态系统每年能够产生的服务价值。生态环境服务价值计算不仅为生态环境建设提供了创造价值的理论根据，也为生态补偿等提供了理论根据。

二、生态环境评价的基本方法

近年来，虽有多种评价方法运用于实践中，但均不够完善。《环境影响评价技术导则——生态影响》列出了一些生态现状及影响评价方法，如层次分析法、模糊综合评价法、列表清单法、图形叠置法、生态机理分析法、景观生态学评价法、指数法与综合指数法、类比分析法、系统分析法等。现分述如下。

（一）层次分析法

层次分析法能够统一处理决策中的定性和定量因素，是对人们主观判断做客观描述的一种有效方法，已广泛应用于各个领域。

层次分析法的基本原理是：根据分析对象的性质、决策或评价总目标，把复杂问题中的各种影响因素通过划分相互联系的有序层次使之条理化。①它按照因素间的相互关联影响以及隶属关系，将各因素依不同层次聚类组合，形成一个多层次的分析结构模型；②根据对客观现象的主观判断，就每一个层次因素的相对重要性给予量化描述；③利用数学方法，确定每一层次全部因素相对重要性次序的数值。也就是说，层次分析法是在一个多层次的分析结构中，最终把系统分析归结为最低层次相对于最高层的相对重要性数值的确定或相对优劣次序的排列问题。层次分析法在评价过程中主要用来确定评价指标的权重。其方法如下。

1. **建立层次结构**

对研究对象进行特征细化、分类、划分层次后，再进行分解。先系统划分各因素，再建立一个树状结构表达各因素的内在关系，一般用3～5个层次描述其结构特点。

目标层：顶层为目标层，即研究要达到的最终目标。具体又可分为总目标层和分目标层。

指标层：最低一层是指标层，也称方案层，表示选用的解决问题的各种方案和措施，是最具体的也是最客观的单目标。

2. **指标合成**

在多指标综合评价中，合成是指通过一定的算式将多个指标对事物不同的评价值综合在一起，得到一个整体的评价。加权线性和法是一种比较常用的合成方法，适用于各评价指标间相互独立的场合。由于综合运算采用“和”的方式，其现实关系必是“总体等于部分之和”，若各评价指标间不独立，和的结果必然是信息的重复，也就难以反映客观实际。加权线性和法计算比较简便，应用较广。通常层次分析法在确定完权重后做综合评价时都采用这种方法进行合成。

（二）模糊综合评价法

对各种因素产生综合影响的事物或现象进行的评价或评判称为综合评价。在现实评判的过程中，人们往往会产生如“好像”“大致”“稍微”等难以清晰和明确的看法、感受和思想，模糊概念在评判语言中很常见，因此难以给出定量的精确评价，所以有必要用模糊数学来对模糊性进行定量分析。这种用模糊数学原理进行的综合评价方法，称为模糊综合评价法。如对农村的生态院落进行评价定级，需要对能源系统、水环境系统、气环境系统等多层次、多因素的指标进行综合评判。模糊综合评价法具有分辨性和可比性强的特点，它能够有效地把专家经验与严格的定量分析有机地结合起来，并给出具有相当精度的评价结果。

（三）列表清单法

列表清单法是一种定性分析方法。该方法的特点是简单明了，针对性强。

1. 方法

列表清单法的基本做法是将拟实施的开发建设活动的影响因素与可能受影响的环境因子分别列在同一个表格的行与列内，逐点进行分析，并逐条阐明影响的性质、强度等，由此分析开发建设活动的生态影响。

2. 应用

一是进行开发建设活动对生态因子的影响分析。

二是进行生态保护措施的筛选。

三是进行物种或栖息地重要性或优先度比选。

（四）图形叠置法

图形叠置法是把两个以上的生态信息叠合到一张图上，构成复合图，用以表示生态变化的方向和程度。该方法的特点是直观、形象，简单明了。图形叠置法有指标法和3S叠图法两种基本制作手段。

（1）指标法

①确定评价区域范围。

②进行生态调查，收集评价工作范围与周边地区自然环境、动植物等的信息，同时收集社会经济和环境污染及环境质量信息。

③进行影响识别并筛选拟评价因子，其中包括识别和分析主要生态问题。

④研究拟评价生态系统或生态因子的地域分布特点与规律，对拟评价的生态系统、生态因子或生态问题建立表示其特性的指标体系，并通过定性分析或定量

方法对指标赋值或分级，再依据指标值进行区域划分。

⑤将上述区划信息绘制在生态图上。

（2）3S叠图法

①选用地形图，或正式出版的地理地图，或经过校正的遥感影像作为工作底图，底图范围应大于评价范围。

②在地图上描绘主要生态因子信息，如植被覆盖、动物分布、河流水系、土地利用和生态敏感区等。

③进行影响识别与筛选评价因子。

④运用3S技术，分析评价因子的不同影响性质、类型和程度。

⑤将影响因子图和底图叠加，得到生态影响评价图。

（3）图形叠置法应用

一是用于区域生态质量评价和影响评价。

二是用于具有区域性影响的特大型建设项目评价中，如大型水利枢纽工程、清洁能源基地建设、矿业开发项目等。

三是用于土地利用开发和农业开发中。

（五）生态机理分析法

生态机理分析法是根据建设项目的特点和受其影响的物种的生物学特征，依照生态学原理分析、预测建设项目生态影响的方法。生态机理分析法的工作步骤如下。

一是调查环境背景现状和收集工程组成、建设和运行等有关资料。

二是调查植物和动物分布，动物栖息地和迁徙洄游路线。

三是根据调查结果分别对植物或动物种群、群落和生态系统进行分析，描述其分布特点、结构特征和演化特征。

四是识别有无珍稀濒危物种及特有种等需要特别保护的物种。

五是监测项目建成后该地区动物、植物生长环境的变化。

六是根据项目建成后的环境变化，对照无开发项目条件下动物、植物或生态系统演替趋势，预测建设项目对动物和植物个体、种群和群落的影响，并预测生态系统演替方向。

评价过程中有时要根据实际情况进行相应的生物模拟试验，如环境条件试验、生物习性模拟试验、生物毒理学试验、实地种植或放养试验等；或进行数学模拟，如种群增长模型的应用。

该方法只有与生物学、地理学、水文学、数学及其他多学科合作评价，才能得出较为客观的结果。

（六）景观生态学评价法

景观生态学评价法是通过研究某一区域、一定时段内的生态系统类群的格局、特点、综合资源状况等自然规律以及人为干预下的演替趋势，揭示人类活动在改变生物与环境方面的作用的方法。景观生态学对生态质量状况的评判是通过两个方面进行的，一是空间结构分析，二是功能与稳定性分析。景观的结构与功能是相匹配的，且增加景观异质性和共生性也是生态学和社会学整体论的基本原则。

1. 分析方法

空间结构分析基于景观是高于生态系统的自然系统，是一个清晰的和可度量的单位。景观由斑块、基质和廊道组成，其中基质是景观的背景地块，是景观中一种可以控制环境质量的组分。因此，基质的判定是空间结构分析的重要内容。判定基质有三个标准，即相对面积大、连通程度高、有动态控制功能。基质的判定多借用传统生态学中计算植被重要值的方法。

2. 分析内容

景观的功能和稳定性分析包括如下四个方面的内容。

（1）生物恢复力分析

分析景观基本元素的再生能力或高亚稳定性元素能否占主导地位。

（2）异质性分析

基质为绿地时，由于异质化程度高的基质很容易维护它的基质地位，从而达到增强景观稳定性的作用。

（3）种群源的持久性和可达性分析

分析动、植物物种能否持久保持能量流、养分流，分析物种流可否顺利地从一种景观元素迁移到另一种景观元素，从而增强共生性。

（4）景观组织的开放性分析

分析景观组织与周边生态环境的交流渠道是否畅通。开放性强的景观组织可以增强抵抗力和恢复力。景观生态学评价方法既可以用于生态现状评价，也可以用于生境变化预测，目前是国内外生态影响评价学术领域中较先进的方法。

（七）指数法与综合指数法

指数法是利用同度量因素的相对值来表明因素变化状况的方法，是建设项目环境影响评价中规定的评价方法。指数法简明扼要，且符合人们所熟悉的环境污染影响评价思路，但难点在于需明确建立表征生态质量的标准体系，且难以赋权和准确定量。综合指数法是从确定同度量因素出发，把不能直接对比的事物变成能够同度量的方法。

1. 单因子指数法

选定合适的评价标准，采集拟评价项目区的现状资料。进行生态因子现状评价，如以同类型立地条件的森林植被覆盖率为标准，可评价项目建设区的植被覆盖现状情况。进行生态因子的预测评价，如以评价区现状植被覆盖度为评价标准，可评价建设项目建成后植被覆盖度的变化率。

2. 综合指数法

一是分析研究评价的生态因子的性质及变化规律。

二是建立表征各生态因子特性的指标体系。

三是确定评价标准。

四是建立评价函数曲线，将评价的环境因子的现状值（开发建设活动前）与预测值（开发建设活动后）转换为统一的无量纲的环境质量指标。

五是根据各评价因子的相对重要性赋予权重。

六是将各因子的变化值综合，提出综合影响评价值。

3. 指数法应用

一是可用于生态因子单因子质量评价。

二是可用于生态因子多因子综合质量评价。

三是可用于生态系统功能评价。

4. 说明

建立评价函数曲线需根据标准规定的指标值确定曲线的上、下限。对于大气和水这些有明确质量标准的因子，可直接用不同级别的标准值做上、下限；对于无明确标准的生态因子，可根据评价目的、评价要求和环境特点选择相应的环境质量标准值，再确定上、下限。

（八）类比分析法

类比分析法是一种比较常用的定性和半定量评价方法，一般有生态整体类比、生态因子类比和生态问题类比等。

1. 方法

根据已有的开发建设活动（项目、工程）对生态系统产生的影响来分析或预测拟进行的开发建设活动（项目、工程）可能产生的影响。选择好类比对象（类比项目）是进行类比分析或预测评价的基础，也是该法成败的关键。

类比对象的选择条件是工程性质、工艺和规模与拟建项目基本相当，生态因子（地理、地质、气候、生物因素等）相似，项目建成已有一定时间，所产生的影响已基本全部显现。

类比对象确定后，则需选择和确定类比因子及指标，并对类比对象开展调查与评价，再分析拟建项目与类比对象的差异。根据类比对象与拟建项目的比较，做出类比分析结论。

2. 应用

一是进行生态影响识别和评价因子筛选。

二是以原始生态系统作为参照，可评价目标生态系统的质量。

三是进行生态影响的定性分析与评价。

四是进行某一个或几个生态因子的影响评价。

五是预测生态问题的发生与发展趋势及其危害。

六是确定环保目标和寻求最有效、可行的生态保护措施。

（九）系统分析法

系统分析法是指把要解决的问题作为一个系统，对系统要素进行综合分析，找出解决问题的可行方案的咨询方法。具体步骤包括限定问题、确定目标、调查研究、收集数据、提出备选方案和评价标准、备选方案评估和提出最可行方案。

系统分析法因其能妥善地解决一些多目标动态性问题，目前已广泛应用于各行各业，尤其在进行区域开发或解决优化方案选择问题时，它显示出其他方法所不能达到的效果。在生态系统质量评价中使用系统分析的具体方法有专家咨询法、综合排序法、系统动力学、灰色关联等方法，这些方法原则上都适用于生态影响评价。这些方法的具体操作过程可查阅有关资料。

第二章　新时代生态文明视角下农村环境法治问题困境

第一节　农村环境法治的制度构建问题

拥有法律制度不一定形成法治，但法治的前提是拥有良好的法律制度。农村环境法治也是一样，农村环境法治的发展需要以良好的农村环境法律制度为前提，而评判是否“良好”，要看制度是否能持续地保护好农村环境，维护好农民的环境权益。

一、农业生产中环境保护法律制度问题

（一）农药污染防治

1. 关于农药管理的规定

由于农药的用途就是杀灭害虫、鼠蚁等生物，本来的特点就是应该带有毒性，所以对于制造出来的农药所具有危害性的管理也就成为必然，相应制定了农药管理法规。农药管理法规通常是对农药的注册、生产、用途、销售、存储、运输、监测等农药使用过程中的各种事项进行管理，采取的手段主要是许可、禁止等。对于杀虫剂的使用分为普遍使用和限制使用，限定的范围包括使用方法、使用者的限制条件、使用剂量、使用的地理区域以及杀死的害虫种类。

对农药的主要管理手段就是注册，环境保护部门可以在认定农药很可能导致不合理的环境危害的时候，中止农药的注册，但必须检测农药是否存在着严重的危害。在以往案例中，法院一直持有这样的见解，一旦出示对健康危害的实质性证据，那么举证的责任就在制造商一方。一旦环境保护部门发现足够的危害证据，撤销注册的诉讼就开始了，继续注册的辩护人就有责任证明危害是最小的，或者

证明使用这种杀虫剂的好处大于它的危害。很明显，这里实质性的证据应该是确定的。

农药管理法规应规定农药的规格、注册、制造和进口的相关标识、销售限制、使用限制，水质污染情况（是指该农药在大范围使用之后，在一定的气象条件和地理条件或自然条件下，对水产植物产生损害，或者发生公共水域污染有可能因水的利用而对人畜产生损害的情况）。在注册信息上，除农药名称、物理化学特性外，还应有适用病虫害的范围、对人畜的毒害性及解毒方法、对水产动植物的有害性等信息。主管机关应制定农药使用时期和方法等使用者应遵守的标准。

2. 我国农药环境污染防治制度问题

通常对于农药的管理，首要目的在于保障农药的安全生产、使用，促进农业经济的发展，在这一过程中兼顾对于环境的保护。

我国《农药管理条例》对于农药的定义是用于预防控制危害农业、林业的病、虫、草、鼠和其他有害生物以及有目的地调节植物、昆虫生长的化学合成或者来源于生物、其他天然物质的一种物质或者几种物质的混合物及其制剂。从该定义来看，由于农药的效用在于破坏自然环境中对于农业、林业等人类经济价值动植物产生危害的有害动植物，所以其最终结果仍然会破坏环境。而且从实践来看，农药破坏环境的事实也历历在目，如滴滴涕等农药对于环境的破坏作用早已为人所知。

环保部门颁布的对于农药使用的环境影响的相关规则，如《农药使用环境安全技术导则》。该技术导则编制说明中指出了农药对生物、地下水、地表水、土壤等的危害。如对于鸟类发生危害的途径有：鸟类饲料和生活地受到农药污染；食用含有农药的昆虫、蚯蚓、植物种子和果实；通过食物链发生农药慢性中毒而影响鸟类。

总体而言，我国在农药管理过程中对其进行的环境管理比较单薄，如《中华人民共和国水污染防治法》（下称水污染防治法）第五十五条规定，县级以上地方人民政府农业主管部门和其他有关部门，应当采取措施，指导农业生产者科学、合理地施用化肥和农药，推广测土配方施肥技术和高效低毒低残留农药，控制化肥和农药的过量使用，防止造成水污染。在有害性方面，我国对农药的环境影响资料提出了要求，但这仅仅是考虑到了农药的有害性一个方面，而农药对于环境的暴露却没有充分考虑到。如果在一个地区或者流域内大量使用具有环境蓄积性的农药，即使农药有害性较低，经过长时间的蓄积也同样会造成污染。在实践中，农药滥用已成为农村地区环境污染的主要原因之一，成为农村环境治理的一个重要方面。

（二）畜禽养殖污染防治

1. 畜禽养殖污染环境的现状

近年来，我国畜禽养殖业发展迅速，在保障城乡畜禽产品供应、促进农民增收、活跃农村经济方面发挥了重要作用。但随着畜禽养殖业不断发展，养殖废弃物产生量也大幅增加。畜禽养殖污染已经成为我国环境污染的重要因素源，其危害主要表现在以下方面。

一是畜禽养殖污染成为部分地区水环境质量下降的重要原因。畜禽养殖粪便和污水中含有大量的氮、磷等营养物质，排入水体后，使水生生物过度繁殖、溶解氧含量急剧下降，发生水体富营养化。

二是畜禽养殖污染对土壤环境和农产品质量安全构成威胁。废弃物排放量严重超过土地消纳能力，造成农田土壤污染。饲料添加剂中的抗生素、激素、铜、铁、铬、锌等物质，随着粪肥还田，长期过量累积，导致土壤和地下水环境污染、有毒有害物质增加，间接造成粮食、蔬菜等农产品质量下降。

三是畜禽养殖污染影响人居环境质量和人体健康。畜禽养殖产生的恶臭、粉尘和微生物排放量超过大气的自净能力时，会导致空气质量下降，对周边居住人群生活产生不良影响。未来一段时期，我国畜禽养殖污染将呈现点面结合的态势，污染防治压力将持续加大，形势十分严峻。

2. 我国畜禽养殖环境污染防治制度问题

规范畜禽养殖环境污染防治法律主要散见于《中华人民共和国水污染防治法》（下称水污染防治法）、《中华人民共和国固体废物污染环境防治法》（下称固体废物污染环境防治法）、《中华人民共和国畜牧法》（下称畜牧法）等法律之中。其中，水污染防治法第五十六条规定，国家支持畜禽养殖场、养殖小区建设畜禽粪便、废水的综合利用或者无害化处理设施。畜禽养殖场、养殖小区应当保证其畜禽粪便、废水的综合利用或者无害化处理设施正常运转，保证污水达标排放，防止污染水环境。固体废物污染环境防治法第六十五条规定，从事畜禽规模养殖应当及时收集、贮存、利用或者处置养殖过程中产生的畜禽粪便，避免造成环境污染。畜牧法规定，畜禽养殖场应有与畜禽粪污无害化处理和资源化利用相适应的设施设备。除此之外，畜禽养殖还要遵守三同时制度、环境影响评价制度、排污收费制度等基本制度。这些是在我国为维持畜禽业健康发展所制定的规则，其中关于综合利用的措施与激励措施有利于从根本上突破农业可持续发展面临的资源和环境瓶颈。除以上法律外，还有一些技术性规范。畜禽养殖环境污染防治制度中，畜禽养殖污染防治规划是防治畜禽养殖污染的根本保证。《畜禽规模养殖污染防治条例》要求畜禽养殖污染防治规划应当与畜牧业发展规划相衔接，统筹考虑畜禽养殖生产布局，明确畜禽养殖污染防治目标、任务、重点区域，明确污染治理重点设施建设以及废弃物综合利用等污染防治措施。但是，没有明确既有的畜禽养殖设施如何处理。该条例虽规定因畜牧业发展规划、土地利用总体规划、城乡规划调整以及划定禁止养殖区域，或者因对污染严重的畜禽养殖密集区域进行综合整治，确需关闭或者搬迁现有畜禽养殖场所，致使畜禽养殖者遭受经济损失的，由县级以上地方人民政府依法予以补偿。但对于关闭的条件并没有作出明确规定，可能会引起对哪些应该关闭哪些应该保留的争议，而且也没有明确补偿采取什么原则，可能会引起补偿额度的争议。《畜禽规模养殖污染防治条例》规定了对畜禽养殖废弃物进行综合利用以及激励措施，但是缺少相关的配套制度，也会使得这些措施难以落实到位。如在财政支持方面，由于农村的基层政府一般在财政方面比较薄弱，如果让基层政府承担畜禽养殖相关的支持费用，这些措施最后都可能难以真正实施。

二、农村生活中环境保护法律制度问题

农村生活中所排放的生活垃圾和生活废水等污染物质是造成环境污染的重要因素，已经成为农村环境污染的重要来源。在我国传统的农村经济条件下，农民产生的垃圾量比较小，垃圾的成分相对简单，以自然可降解物质等成分为主，农民直接进行简单的填埋或还田处理，不会对环境造成很大的危害。废水的排放量也小，含有的物质也较为简单，仅仅依靠农村水体的自净能力就可解决。但是随着我国农村经济的发展，农民生活水平提高，消费结构不断发生改变，农村生活

垃圾的产生量逐年增加。农村居民收入提高必然导致消费物质增加，垃圾和排放的废水也相应增多，其中含有的物质也发生了较大变化。

（一）农村生活垃圾污染防治

1. 垃圾污染现状

随着农民生活水平的不断提高，农村的生活垃圾成分发生了明显的变化，塑料包装、一次性用品甚至电子产品等废弃物明显增加，自然环境不易降解的一次性垃圾袋、塑料制品、玻璃、泡沫等物品成为农村生活垃圾中的主要类别，对环境有毒有害的废旧电池、电子产品等也日益增加。

我国农村生活垃圾的增长与过去相比已有相当多的不同。首先，数量增加较快，这主要是由于农民生活水平不断提高，农村生活垃圾的产生量和堆积量均在逐年增加。其次，农村生活垃圾的产生源较为分散，这主要是由农村的居住情况造成的。再次，农村生活垃圾的种类在不同时期有不同的变化，如冬季对于燃料需求旺盛，则各种煤渣较多；而夏季则是含有水分的蔬菜瓜果的垃圾较多。最后，农村生活产生的垃圾的成分越来越复杂，这主要是随着农村生活水平的提高、消费结构的改变而产生的。

但是长期以来，我国农村缺乏一系列的垃圾的无害化处理机制。农村生活垃圾的数量虽然越来越多，种类也越来越复杂，但是对其处理还是采取传统的堆放方式。有些农村没有垃圾处理设施，没有集中堆放的场所，甚至连现在最常使用的集中填埋的设施都没有。村民习惯将垃圾堆放在房前屋后，或者堆放于河沟、土坑或道路旁边，这样只要起风或者下雨，就会造成垃圾扩散，使得有害物质流入水中。当垃圾的堆放量过多时，很多地方会使用焚烧的方式减少垃圾的体积，但是在焚烧之前并没有将不能焚烧的垃圾挑选出来，在焚烧时造成二噁英等有害物质的污染。甚至有些地方将焚烧过的垃圾当成肥料，这样更容易造成农田的土壤污染，进一步影响农作物的品质。所以，相对于城市而言，农村产生的生活垃圾的量虽然没有那么多，但是因为没有经过相关处理，造成的危害更大。

农村生活垃圾对农村环境的危害主要表现在以下几方面：首先，生活垃圾会严重影响到农村居住环境。农村垃圾未经处理随意堆放在房前屋后，对人居环境造成恶劣影响。餐厨等易腐败变质的垃圾在腐败后散发恶臭，同时还有可能滋生蚊虫、苍蝇，增加疾病传播的风险，对人体健康构成直接的威胁。其次，垃圾会污染土地和水源。由于垃圾随意堆放的地方，没有采取防渗透等工程措施，垃圾产生的有毒有害物质渗入地下，有时甚至会造成地下水的污染。如果垃圾堆放在河边或池塘边，就会对水质造成影响，造成水质的富营养化。如果将没有处理的垃圾当作肥料，就会造成耕地的污染，破坏土壤的肥力。最后，垃圾会造成空气的污染：一是垃圾腐败分解的时候散发出的恶臭，造成人体不适；二是垃圾焚烧时产生的有毒有害物质，会污染空气。

2. 垃圾污染防治法律制度问题

目前，我国并没有关于农村生活垃圾污染防治相关的专门性法律，防治农村生活垃圾污染的相关法律规定主要散见于各单项环境法律、法规之中。如固体废物污染环境防治法中，对作为固体废物的管理原则作出了规定，除此之外，与农村垃圾相关的规定如下。第二十条规定，产生、收集、贮存、运输、利用、处置固体废物的单位和其他生产经营者，应当采取防扬散、防流失、防渗漏或者其他防止污染环境的措施；不得擅自倾倒、堆放、丢弃、遗撒固体废物。禁止任何单位或者个人向江河、湖泊、运河、渠道、水库及其最高水位线以下的滩地和岸坡等法律法规规定的其他地点倾倒、堆放贮存固体废物。第四十五条规定，县级以上人民政府应当统筹安排建设城乡生活垃圾收集、运输、处置设施，确定设置厂址，提高生活垃圾的综合利用和无害化处置水平，促进生活垃圾收集、处理的产业化发展，逐步建立和完善生活垃圾污染环境防治的社会服务体系。第五十五条规定，建设生活垃圾处理设施、场所，应当符合国务院生态环境主管部门和国务院住房城乡建设主管部门规定的环境保护和环境卫生标准。禁止擅自关闭、闲置或者拆除生活垃圾处理设施、场所；确有必要关闭、闲置或者拆除的，应当经所在地的市、县级人民政府环境卫生主管部门商所在地生态环境主管部门同意后核准，并采取防止污染环境的措施。

在专门针对垃圾方面，主要是针对城市垃圾管理的一些规定，对整个城市垃圾的清扫、收集、运输、处置、各部门的监管责任及违法者的责任都要作详细规定。除此之外，我国很多城市也都根据本地区域发展的情况制定了相关规章或办法，并以政策文件形式对生活垃圾的污染环境防治工作进行了规定。此外，还有一些其他相关规定，如《再生资源回收管理办法》《废弃电器电子产品回收处理管理条例》等法规规章也已制定并颁行。住房和城乡建设部组织制定了有关城市生活垃圾分类回收的技术标准《垃圾分类收集方法与标识》《垃圾分类收集名词术语》《垃圾分类收集统计与评价指标》等。

总体而言，农村生活污染防治方面的规定，需要进一步细化，没有如《城市生活垃圾管理办法》一样的专门性规定，导致农村生活垃圾的管理责任难以落实。可以将《城市生活垃圾管理办法》修订为《生活垃圾管理办法》，统筹对城乡生活垃圾进行管理，建立统一的收集、存储、运输、处理体系，将农村集体组织规定为农村生活垃圾管理的最基层单位，以利于形成低成本、高效率的垃圾管理体系。

（二）农村生活污水污染防治

1. 农村生活污水污染现状

在生活污水排放方面，大多数村庄没有排水渠道和污水处理系统，生产生活污水随意排放，由此造成农村河流遭到污染，严重威胁地下水，甚至有的浅层地下水已经遭到污染，不能取用。我国农村生活污水主要存在以下特征。

第一，生活污水无序排放，由于农村集镇是随着经济发展逐步建设起来的，通常农村房屋都是农民个人建设，这种分散建设的方式导致在建设过程中根本没有考虑到污水排放系统，因此造成生活污水无序乱排，有的就往街道一倒了之。

第二，排污口分散，大多数农村集镇都没有规范的排污口，只是随着地形自然流淌，造成村镇中的污水随意排放到周边池塘、小河以及农田之中。

第三，污水排放渠道通常是开发式，蒸发和渗漏严重，导致污水四处横流，甚至影响到地下水。

第四，增长快，随着农民生活水平的提高以及农村生活方式的改变，生活污水的产生量也随之增长。

基层污水处理设施在农村相对缺乏，大部分农村地区的生活污水处理没有并入城市的污水处理厂，污水得不到集中的治理，而污染物含量越来越高、成分越来越复杂的农村生活污水使得传统、简陋的农村污水处理方式已经无法发挥去除污染物的作用。

2. 农村生活污水污染防治法律问题

与垃圾污染防治法律一样，目前并没有专门针对农村生活污水问题的法律，主要散见于各单项环境法律之中。如水污染防治法第四十九条规定，城镇污水应当集中处理。县级以上地方人民政府应当通过财政预算和其他渠道筹集资金，统筹安排建设城镇污水集中处理设施及配套管网，提高本行政区域城镇污水的收集率和处理率。第五十条规定，向城镇污水集中处理设施排放水污染物，应当符合国家或者地方规定的水污染物排放标准。第五十二条规定，国家支持农村污水、垃圾处理设施的建设，推进农村污水、垃圾集中处理。地方各级人民政府应当统筹规划建设农村污水、垃圾处理设施，并保障其正常运行。

作为水污染领域最主要的环境法律，水污染防治法没有具体规定农村生活污水污染防治问题，这可能是因为农村生活污水都是一些淘米洗菜用水、泔水等厨房废水以及洗衣、洗浴和厕所污水、家养畜禽粪便废水等，对环境危害不大。同时，农村居民居住比较分散，不好采用集中处理方式处理，处理成本比较高。但是，现代农村生活污水排放量大量增加，农村生活人口众多，对江河湖泊甚至土壤都具有一定程度的危害，如果这些问题不能及时解决，将给农村生态环境带来极大的破坏。

总体而言，农村生活污水污染问题越来越严重，对农村生活污水污染的防治，也应按照城镇污水处理的方式，规定地方政府的污染防治责任，加强污染管网和污水处理厂的建设和相关生态处理技术的发展。

第二节　农村环境法治的法律实施问题

一直以来，我国在农村的环境执法力量比较薄弱。特别是随着农村生活、农业生产形势的快速发展以及一些落后工业向农村的转移，农村执法力量越发显得单薄与无力。从相关的概念中我们可以看出，环境执法的含义主要包括两个方面：一是环境执法的主体，即环境保护部门和其他行使环境监督管理权的机关；二是环境执法的行为方式，即依照法律规定运用公权力将各项环境法律制度或者措施适用于具体环境保护领域。

一、农村环境管理体制存在的问题

环境问题几乎涉及社会经济的各个领域，具有综合性、广泛性的特点，在条块分割的政府管理体制之下，环境执法涉及多个政府部门。最初，环境执法并没有设立专门的政府部门，而是由各个部门在各自的领域内实施环境管理。

我国的环境执法经历了从分散到集中、从单纯治理到综合管理的发展过程。环境管理的发展就是从各部门分别监督管理到统一监督管理的过程，在这一过程中并没有完全解决部门职权交叉重叠的问题。农村环境监管由环保部门、农业部门、林业部门、水利部门、交通运输部门以及经济综合部门在各自领域内实施。

环境保护主管部门的统一监督管理和分部门管理相结合的环境管理体制从逻辑上虽说是调动各个部门的力量为环境保护保驾护航，但在环境执法的实践过程中，由于各个部门之间缺乏协调机制，很难形成环境保护的合力。法律虽然规定了环境保护主管部门统一监督管理的权力，但作为政府的一个组成部门，和同级政府的其他部门一样，不可能对其他政府部门的行为作出“指导”或“监督”，而只能是在自己的“职责”范围内活动。最明确的例子就是对污水处理厂的监督检查。对污水处理厂的检查是由省住房和城乡建设厅负责，污水处理厂的管网通道也是由省住房和城乡建设厅负责承建的，作为监督管理机构的环境保护部门，在如何对同等级的机构进行监督管理的问题上感到困惑。很多地方污水处理厂和污水管网建设并没有同步，污水处理厂建成后没有相应的管网，没有发挥应有的治污作用，这些建设滞后的问题会直接影响企业的排污。

二、农村环境执法过程中受到的制约

地方政府管理着地方经济、技术、社会、文化等各种事务，在行政管理过程中存在着多个目标。地方政府在管理过程中，为实现其中某一个目标而选择放弃其他目标，或者决定各个目标的顺位。其实在经济发展与环境保护之间就存在此问题。如果地方政府没有真正理解绿色发展的含义，环境执法与经济发展的冲突在此就会显现无遗。对于环境保护，有一些地方领导对环保工作认识就是：讲起来重要，干起来次要，忙起来不要。主要问题在于政绩观，一届上任后，是否取得成绩，主要看GDP是否增长。

前些年，在GDP至上的决策理念下，招商引资成为很多地方政府的第一要务，被形象地比喻为“引资饥渴症”。在这种状态下，一些地方政府在招商引资说明中，除了强调传统的税收、土地、人力优势外，环境保护法律执行的宽松也成为招商引资的重要条件之一。经济发达地区被淘汰下来的，容易产生环境污染的产业竟然成为某些地区招商引资的争抢对象。

三、农村环境法治的自发秩序生成问题

自发秩序是从社会中自发形成的秩序，很多情况下是通过社会主体之间合意以及社会认可的习惯形成的。我国农村环境保护的自发秩序在环境法治中也许难以占据重要位置，秩序形成也存在一定障碍，但是农村环境法治的自发秩序对于农村环境保护具有重要的意义。

在我国环境法治建设过程中，通过理性构建制定国家法律，由国家进行规制已然成为基本思路。但目前我国环境立法基本上是以城市环境为中心，重视工业生产与都市生活对环境造成的影响，而忽视农村环境问题。面对严峻的农村环境问题，应加快农村环境法律、法规和标准体系建设，制定综合性农村环境法规以及土壤、畜禽等专项农村环境管理法规，解决农村立法滞后问题。当然，在现行环境法律中，还是有一些涉及农村环境保护的内容，但是原则性内容较多，具有实际可操作性的内容较少。这主要是因为农村环境问题存在“细、散、广”的特征，难以建立统一的、具体的应对措施。在自然生态保护法方面，则主要是针对自然保护区域的保护，而没有涉及广大农村地区的自然生态环境。对农村环境的忽视以及农村环境问题的散在性与多样性成为构建农村环境保护制度的重要障碍因素。

在农村环境行政规制方面，由于我国行政资源有限，仅仅依靠政府推动农村环境法治的发展，依靠“人造秩序”来处理好农村环境保护过程中的各种关系，难以达到保护良好农村环境的目的。在环境保护机制上存在过于单一化问题，即主要依赖于行政主导的强制实施。此种情形也就形成了两种后果：一是直接导致农村环境立法滞后；二是为机械地保障“依法行政”，而强调环境执法的标准性与统一性，但这与农村环境问题多样性和复杂性形成矛盾。所以，在此种情形之下，农村中的“自发秩序”的生成更能适应某些农村中的环境问题，成为“人造秩序”的有益补充。

第三章　新时代农村生态环境的协同治理

第一节　农村生态环境协同治理的理论基础

一、整体性治理理论

（一）整体性治理理论的概述

整体性治理理论涉及范围极广，对碎片化政府、难办问题、整合与协调等问题都进行了具体阐释。该理论将整体性治理的运作划分为三个阶段，即政府组织间政策目标与手段相互协调的形成阶段、信息流通和消除认知差异的协调阶段以及执行与程序设计的整合阶段。实践方面的相应对策包括合作与协调、在政府与组织构建互信关系的基础上进行合作、运用信息系统构建电子化政府、形成整体性的预算体系等。克服棘手问题与碎片化治理以及整体性治理成功与否的关键在于协调。

1. 整体性治理的核心基础——协调与整合

整体性治理主要包括两个步骤，即协调与整合。前者重在达成共识，后者重在政策目标及其策略行动。两者既密切关联又相互独立，彼此不能脱离对方而存在，缺乏协调，整合便成为无源之水；缺乏整合，协调便失去了存在的意义。没有目标的协调基本形同虚设。在二者关系中，协调是整合的基础，其通过使分散的部门或者组织达成一致，即达成共识，从而达到整合的目的；若协调不成或者效果欠佳，整合的目的便难以达到。整合着眼于问题解决，即让参与者明确相关任务以及选择相关策略，在此过程中，若各参与者能够彼此协调好，那么将会提高整合成功率。因此，“协调和整合是整体性治理所要达到的不同的两个阶段，协调主要是为了消除不同组织间的矛盾和问题，解决认识上的问题；而整合则是要求各种组织在行动上能够从整体性层面考虑，在行动上达成一致”。协调与整合存在如下几种方式。

（1）层级上的协调与整合

此种协调与整合主要涉及不同层面组织之间的协调，着眼的大都是宏观性的问题。通过不同层级的协调与整合，解决大量交叉性和交汇性的公共事务，可以满足上下级政府联动的需求，既有利于发挥上级政府的决策与指导功能，又有利于发挥下级政府的执行作用，使得整体性治理成为可能。当前，如生态环境问题、气候变化问题、防灾减灾等公共问题，均需要层级之间通过协调与整合来解决。农村生态环境问题也是如此，需要从中央到地方各个层级共同协调与整合，形成治理的整合，才能够得到真正解决。

（2）功能上的协调与整合

此种协调与整合是整体性治理的基本体现，即对分散在不同部门内部相同或者重复的功能进行协调与整合，此种整合只是单纯的功能整合，原先的组织保持，在此基础上将这些功能的相关机构整合成新的组织。此种功能整合最大的作用就是消除各相关组织之间的矛盾，达成一致。通过整合成新的组织来实现功能的统一，进而实现整体上贯彻一致的政策目标，行动上贯彻一致的策略。

（3）组织之间的协调与整合

组织之间的协调与整合是整体性治理的基础。需要消除组织内部矛盾，以达成相关共识。只有不断协调与整合不同组织，才能够确保集体行动的一致性，进而完成相关任务。组织之间的协调与整合可以通过多种方式进行，既可以通过正式意义上的协调与整合机制，也可以通过非正式意义上的协调与整合机制。通过协调与整合相关组织，才能促进组织间的合作，进而夯实整体性治理的基础。

2. 整体性治理的三重维度

针对整体性治理的理解，可以从宏观、中观和微观三个层面进行。

（1）宏观层面的整体性治理

宏观层面的整体性治理主要是探讨体制差异以及如何协调与整合的问题。体制差异虽然客观存在，但是并非主要矛盾，可以通过相关手段弥补差异，实现治理上的协调与整合。简单说，基于共同利益目标的实现远远超过差异本身，因而在共同利益基础上可以超越差异自身，通过协调与整合，实现治理目标。

（2）中观层面的整体性治理

中观层面的整体性治理，即在特定标准下进行协调与整合，进而实现相关的治理。

①完善相关协调机制。协调分为联合性协调和整体性协调。

联合性协调顾名思义是不同部门、机构在协调基础上取得解决相关问题的共识，使不同部门、机构之间认识到彼此相互关联，需要合作才能解决问题。

整体性协调则是在联合性协调的基础上，基于整体性视角来应对相关问题。此种协调关注各方利益，并将相关议题纳入整体性考虑，通过协调各方的努力，在妥协与让步基础上，促进基调一致，达成合作。

②提升整合力度。在经过整体性协调之后，确定各方目标一致后，进入了整合阶段。整合可以理解为采取多种方式来实现目标的过程，例如圆桌会议形式，通过此种会议，明确议题的内容、政策目标以及政策执行策略与路径，协商明确各方权利与义务以及实现方式。通过这种方式，可以逐渐实现涉及全面、长期和深入的议题合作。

（3）微观层面的整体性治理

微观层面的整体性治理聚焦于具体问题的解决。它指的是涉及问题解决层面的不同部门或者组织之间在政策目标、行动策略等方面进行意思表达并寻求共同目标的过程。从微观层面的协调角度看，通过提升共同的组织机构，改善组织内外部机构的结构，从而达成共识，提升凝聚力。从整合角度看，是要实现协调所欲达成之目标，即通过整合相关机构、专业、人员等，形成合理基础以解决问题。整合主要包括联合性工作、辅助工具、策略联盟、同盟、合并等。

3. 整体性治理的基本特征

整体性治理在于创造一种安排，来限制不可避免的不一致、紧张和冲突带来的破坏性潜能。在这种意义上，整体性治理理论与功能主义相反，整体性治理超越了传统的结构功能主义，从广度和深度上都超越了传统治理方式，提供了更多的治理手段。

（1）治理方式的多元化

在整体性治理中，治理方式呈现出多元化特征。在协调与整合的过程中会遇到各种分歧，这也是协调与整合展开的前提，针对这些分歧，有如下解决方法。

①求同去异。此方法的核心是要形成完全统一的共识，消除不一致之处。通过针对不同的行动者之间的协商，在行使否决权和惩戒权的前提下，针对分歧与矛盾，设计出一整套特殊的制度，在保障各方利益的基础上，尽可能消除矛盾，即在协商基础上进行整合，消除分歧与矛盾，达成共识。在此过程中，政府发挥了主导作用，在协商基础上，平衡各方利益，谋求各方达成共识。

②求同存异。即使每个人都是完全善意的，有些人也会合理地给予许多复杂的道德要素和经验要素以不同程度的重视，而这些要素又影响着对于公共政策的选择。此种情形为主要利益不能完全达成一致的情形，即在整体性行动框架内，不是所有参与者都能达到利益完全一致，针对利益不完全一致的行动者，在部分利益共同的基础上，保持其所存在的分歧和不一致。在求同过程中，尽可能利用组织资源，以便实现共同的利益。针对不完全一致的行动者，尽可能为其提供便利，保持一定的行动自主性，尊重差异性。

③去异不求同。此方法针对分歧较大的情形，鉴于参与的行动者坚持己方利益，难以妥协，导致分歧太大，难以达成共识，若以强制力来寻求一致，效果往往不理想。因此，对此可以尽量减少不一致，消除矛盾，即通过协商敦促各方彼此让步，以缓和相关矛盾，但是不寻求达成一致。

④不求同不去异。此方法主要是指价值观基本不一致，己方利益高于一切等情形。在此种情形中，参与者各方保持各自行动的自主性。此种情形下，可以以互惠为目的开展自主性活动，通过互惠活动来寻求多方利益的共同增长。故针对此情形，可以在设定的制度下展开各方都可以接受的、针对各方都有利的合作，以推进整体性治理的展开。

当然，这四种方式也可根据不同的情境进行必要的组合，组合出更多元化的协调与整合的手段。这样，垂直维度和水平维度的所有行动者之间的行为都具备了集体行动的可能性，建立在行为基础上的整体性治理也就具备了制度化的必然性。

（2）目标与手段的统一性

整体性治理寻求对于问题的整体性解决，整体性解决体现了从整体层面达成共识，消除分歧，并在事务解决和服务供给过程中坚守效率、经济、效能、结果、责任和民主等公共行政的价值与精神。故其在解决问题过程中要求手段灵活多样，使得手段能鉴于目的与手段的一致性，不断促进目标的实现。而目标达成后，在新的目标支配之下，在寻求新的手段过程中，促进了手段的不断提升与更新。在整体性治理的协调与整合过程中，不管是协调还是整合，其都在寻求积极的手段，这些手段必须有助于任务完成，且要与原有手段相协调，以防止手段之间的矛盾。在手段运行过程中，要考虑手段之间的优化组合，手段的使用并非单一的使用，除了整体性目标之外，阶段性目标通常也是多种手段综合运用的结果，故需要多种手段的组合与交叉。通过多种交叉的手段，确保其与目标实现动态一致。

在各方行动者协调整合过程中，存在双方都高度认可，但是实际协调整合过程中与原始目标渐趋背离的状态。对此，可以采取以下三种有助于目标实现的手段。

①确立战略联盟。在战略联盟中，必须确保至少一个参与实体承担长期的有关联合计划、规划和工作的核心任务。至少有一个参与实体能够就重大项目的核心任务开展长期的联合规划和工作。

②组建可靠的联盟。可靠的联盟状态是基于共同的目标，针对共同目标展开跨联盟学习和集体行动，并在此过程中保持清晰的目标使命，实现目标与行动的一致。

③进行合并。合并是实现目标一致的最佳路径选择，将关联组织进行合并，易于针对目标采取最有力手段，以最小成本解决问题。

在实践中，针对所要解决的问题，将不同组织合并在一起，这种合并情形适用范围并不广。典型的如我国为了解决环境污染问题，将原环境保护部的职责，国家发展和改革委员会的应对气候变化和减排职责，原国土资源部的监督防治地下水污染职责，水利部的编制水功能区划、排污口设置管理、流域水环境保护职责，原农业部的监督指导农业面源污染治理职责，原国家海洋局的海洋环境保护职责等进行整合，组建生态环境部，这可以最有效地解决我国的环境污染防治问题。在整合的状态下，目标与手段完全一致，既有利于消除资源内耗，也能够使手段紧扣目标，从而全面凸显整体性治理的要求。

（3）预防优先于治疗

预防是整体性治理追求的目标之一，也是整体性治理的手段体现。预防在整体性治理中的地位十分重要，不仅可以提升政府效能，更可以节约政府支出。从整体性治理来看，预防体现在如下阶段。

①前端预防。前端预防在现代公共事务中体现得极为明显，特别是交叉性和棘手性公共事务。因此，涉及公共安全事务、公共卫生事务、环境污染问题等要求前端预防。整体性治理重视前端预防，要求各相关组织的要素保持密切沟通和等级化管理，充分发挥各自优势，实现前端预防，避免或者延缓事件发生，为有效治理争取时间。

②中端预防。中端预防是指在事件发生的中期进行的预防，此时的任务是将事件控制在合理范围内，以便有效地解决。在中端预防中，需要快速协调整合要素和资源，以在时间和空间上缩小问题存在的范围。整体性治理针对中端预防，要求内部组织与外部组织之间协调联动，促进要素资源等快速配置，尽可能实现合理控制的目标，以解决相关问题。

③末端预防。末端预防是事后预防，主要针对事件所发生的后续效应。在末端预防之际，需要各部门配合，尤其需要专业部门的判断和信息技术。整体性治理充分尊重专业性和信息技术的作用，防止问题的进一步交织和复杂化，在此基础上进行协调整合，尽量将危害降到最低。

（二）整体性治理的基本要求

1. 明确需要解决的问题

整体性治理是以问题为导向的，其第一步是明确问题。正是因为公共事务交叉多元、繁杂琐碎且呈现出不确定性，使得问题解决愈发艰难。

通常来说，问题解决与民众生活息息相关，这也是以人民为中心的重要体现。解决民众的生活问题，既需要政府各部门自身的努力，也要求各部门协作。一方面需要协调各方利益共同体，此种利益共同体不仅包括政府及其部门，还包括其他组织。只有充分考虑涉及部门及组织的利益，才能有效协调，最大限度提高治理的效力，才能更好地解决该问题，满足群众需求。另一方面，在确定了参与的部门及组织后，要充分协调整合相关资源和智力，只有使相关资源要素、智力、信息、技术、经验等全面整合，才能应对复杂多变的问题，克服治理方式单一等问题。在协调与整合过程中，其他组织或者群体的参与，不仅有助于政府信息来源的多样化，而且可以将这些组织或群体的信息或者经验整合到治理方法中，从而提炼出最佳的治理方法，为解决问题提供充分保障。

2. 整合相关的功能

功能的整合涉及治理方式的核心问题，只有进行有效的整合，才能避免各部门或者组织之间的单一治理，实现协调一致，以便更好地应对相关问题。功能整合可以从横向和纵向两个方面理解。从纵向维度看，主要涉及政府部门内部问题，即如何提高政府部门的效率及权威性，对此，可以通过减少中间层次，以最大限度畅通政令，例如我国生态环境部门针对环境污染问题，尽量将执法力量下沉，削减层级，减少冲突与重复，取得了不错的效果。在此纵向维度，上级部门通过对下授权，将问题解决的权力交由最前端的执法者，上级机关掌握相关的任务分配、绩效考核，可以构建起纵向维度的整体性治理机制。

横向维度的整合，聚焦于组织运行的机制，将同一层面的信息系统、人力资源以及预算等功能进行整合，使得原有职能分工模式发生转变，在共同的基础上统一应对相关问题。各部门及组织、群体等参与主体，在有效协调基础上，打破原先的职能分割状态，实现信息共享，超越原来组织或行业单一应对问题的状态，建立起横向层面的行动线。

在进行功能整合过程中，需要政府的多元包容。进行功能整合之后，会出现新组织或新机构，此种组织或机构的价值或者责任需要重新界定。新组织或者机构的价值要具有多元性和包容性，注重尊重、公开、沟通、责任、响应和信任等价值，与传统机构或组织所依赖的以法定、权力、规则、集权等为中心的价值不同。

通过整合型价值的培育和塑造，在整个社会形成共享的价值体系，此种价值体系与整体性治理方式发生互动，进而使得参与主体的认知、行为、文化等方面发生变化。通过此种变化，实现横向、水平和价值接纳的交互式沟通、协作和运行，促进功能横向整合，使整体性治理成为可能。

（三）农村生态环境的整体性治理

当前，由于全球化的持续推进，世界越来越成为一个紧密联系的整体，各个领域的治理基本离不开各个国家的参与，例如经济领域的经济全球化、市场化及信息化，国家安全，战争威胁、核威胁、恐怖主义等均需要以整体主义视角来应对。在生态环境领域也是如此，生态安全已经成为当今世界必须整体治理的重要议题。此外，治理过程的碎片化是现代国家面临的共同课题，要想消除碎片化，克服地方保护主义、部门保护主义、孤岛现象、“搭便车”现象和集体行动困境等现象，必须以整体性视角，协商合作，整体推进治理的进度。只有借助整体性治理理论，才能化解当下世界诸多区域公共问题的治理困境。农村生态环境的治理同样如此，需通过整体性治理来整合治理力量。

1. 我国农村生态环境需要整体性治理

“三农”问题始终是党和国家关注的焦点，我国连续多年的“中央一号文件”都是与“农”相关，此处的“农”既包括农村、农业，也包括农民。对于农村与农民来说，生态环境是其生存与发展的根本。为此，农村生态环境的治理始终是政府工作的重点。公共政策目标的实现既不能靠相互隔离的政府部门，也不能靠设立新的超级部门，唯一可行的办法是围绕特定的政策目标，在不取消部门边界的前提下实行跨部门合作。这种合作是全面的，包括公私部门之间、政府与非政府之间、政府部门之间、中央与地方之间的合作等。整体性治理要求整体性思维，即鼓励多部门协调参与农村生态环境治理，通过整体治理的实践，使各部门协商合作，由此形成的农村环境政策才会有一致的目标，最终通过实践发挥作用，取得良好的治理效果。

2. 整体性治理理论与农村生态环境治理相吻合

整体性治理的最终目标在于实现政府在政策、管制、服务及监督四个关键方面对所有相关组织的整合。在此过程中，政府必须进行引导，引导形式多样，如凝聚问题、出台联合性政策、监督政策执行情况、对于偏离政策方向的行为及时予以纠正、评估政策执行的效果等。从我国农村生态环境治理的过程来看，政府主体通过上述形式的引导，形成政府、市场、社会合力共治的农村生态环境治理格局。在此治理过程中，政府、市场、社会等部门都是治理主体，均影响相关政策的出台、落地及实践。在我国农村生态环境治理中，此种整体性治理的思维由来已久，通过多次会议及文件，基本形成了整体性治理共识，即政府主导，市场、社会协同发力，此种治理结构是典型的整体性治理的体现。从具体实践来看，在农村生态环境的整体性治理格局中，要通过“政策、管制、服务及监督”等手段来整合相关参与主体。首先，政府组织与农村生态环境治理相关的职能部门、市场及社会主体参与讨论，共同形成农村生态环境整体性治理的政策；其次，对进行的各项农村生态环境治理工作进行管制，这是促使农村生态环境治理政策落地生效的重要环节；再次，政府作为农村生态环境治理主体，其出发点和归宿在于满足人民的需要；最后，对农村生态环境治理效果进行监督，即通过科学评估来确定治理效果，有针对性地进行监督，以提升生态环境治理水平。

二、多中心治理理论

（一）多中心治理理论的概述

多中心本质上是一种秩序，在此秩序状态下，行为者彼此独立，在社会中都有自己的定位，同时相互之间受到特定规则的调整，由此形成各参与者之间的整合。多中心治理理论，其核心内容是自主治理和自主组织。自主理论的中心问题是，彼此相互依存的人们，将自己组织起来，通过自主治理，克服“搭便车”现象、回避责任或机会主义，实现持久的共同利益。顾名思义，多中心是指在公共事务处理过程中存在多个权力中心，这些权力中心不分彼此，都服务于公共事务。多中心意味着决策的多个主体，即决策的中心多元化，这些主体在竞争中互存，彼此重视对方。多中心已经成为公共治理的重要模式，可以从以下角度深入理解多中心治理。

1. 居于宏观角度，多中心意味着多重中心的共同参与

多中心治理要求政府、市场、社会的共同参与。鉴于每个主体都有自己的治理方式，多中心治理也意味着治理方式的多元化。由于其权力来源多样化，涉及政府部门多元化，多中心治理机制可以解决不同范围公共治理问题。多中心治理机制中各种权力差异很大，其中一些具有一般目的的权力向一个社群提供内容广泛的公共服务，另一些是特殊目的的职权，它可能只提供如灌溉或道路系统的运营和维护等的服务。从具体特征看，多中心治理与单一治理还存在思维方式不同的区别，多中心治理中各种权力所形成的治理相互间具有兼容性，不要求非此即彼，其不仅是多个权力的联合治理，也体现了资源配置的方式的多元化。多中心治理是体现了联合与协作的新治理模式，与传统治理相比，具有很大优越性，其超越了传统治理的单一性，既能够体现政府治理的权威性，也具有市场优势的高

效率，而且还能够体现社会组织与公民的基层广泛性。

2. 多中心体现为多重的参与者，提供了多种公共物品，即供给的多元化

与传统理论所认为的公共物品通常不具有竞争性和排他性的观点不同，多中心治理理论认为，公共物品具有一定的竞争性和排他性。此种特性的最大优越性就是可以超越垄断主义，即排斥单一部门垄断公共事务。这要求在提供公共物品上，通过竞争机制来实现，即借助契约手段使得分散的主体各自提供类似产品或者服务，通过多种参与者提供性质相似的公共物品，或者提供特征相近的物品的同时，以保持公共事务公共性，建立一种竞争或者准竞争机制。在竞争状态下，民众可以根据各公共物品或服务的质量或者特色进行选择，由此，通过竞争促进各公共物品提供者降低成本，提高物品或者服务质量。

（二）多中心治理的基本要求

1. 治理主体的多元化

多中心治理区别于传统治理，由于治理主体的单一中心转向多中心，此种转变带来了公共产品的多元供给，故原有的单一的非竞争性的供给模式发生变化，除公共部门外，其余非公共部门，如个人、企业、社区等均可成为公共产品的供给者。以环境治理为例，现行的理论和实践均证明治理方式的多元化，基本已形成政府、市场、社会的三元架构。此种架构模式也凸显了公共产品供给的多元化，通过多元供给，才能更好地治理环境，服务民众。在此多元主体运行过程中，多中心凸显了自主治理的特征。自主治理理论是解决问题的新模式。

2. 治理目的公益化

多中心治理与公共利益直接关联。在公共事务管理中，主要的管理主体是政府及其工作人员，对主体工作的评价除了绩效评价之外，还要对其是否有利于公共事务的发展进行评价，即评价多中心治理是否有利于推动社会发展，是否满足公民的实际需求。至于其余参与主体，如社会团体、公民等参与治理，因同样服务于公共事务，对其评价可以通过积极参与公共事务治理来展开。因此，多中心治理使得决策主体均可自由表达，例如在环境治理中，政府、企业及个人都可以自由表达，由此形成治理合力，共同发挥在环境治理中的作用，以达到保护环境的目的。

3. 治理结构网络化

多中心治理在治理结构方面呈现出网络化特征。随着社会发展，社会网络已经十分发达，公民、企业、政府等均是网络中的组成节点。随着各式媒体等信息工具出现，处于网络节点之间的沟通十分便利，各主体均融入网络之中。社会网络形成的各个节点均体现了其中心的地位，由此各节点之间通过网络相互交流和沟通，各主体均可以通过网络表达自身利益。从多中心治理理论来看，治理结构的网络化趋势十分鲜明，此种结构使得参与主体之间地位平等且相互关联，这要求多元主体能够自主地就公共事务进行合作与协商，进而使得治理结构自身在节点与节点协调之间实现平衡，由此各治理主体可以自我组织、自我管理、自我控制、自我协调。

4. 治理角度的整体性

整体性视角与单一中心治理是相互对立的，多中心治理必然是基于整体性视角进行治理的。多中心治理事实上超越了传统的中心，强调治理的整体性。与过去相比，现代社会纷繁复杂，很难确定中心与边缘，这也凸显了多中心出现的必然性。在多中心治理中，各个中心之间相互独立又相互依赖，在治理过程中合作共存，形成了治理的整体，由此形成了功能的创新，主体在互动中不仅有助公共利益实现，而且可以实现利益共赢。因此，居于整体性视角的多中心治理有助于尽最大可能实现政府全心全意为人民服务的宗旨，企业承担更多的社会责任，可以持续性实现公共利益。

5. 治理方式的协同化

从治理方式看，多中心治理强调合作协同。针对在政府、市场、社会的边界反思基础上形成的多中心治理，其倡导的是多元主体的治理机构，即政府、市场、社会等共同参与的治理结构。此种治理结构的内部各要素之间相互协调整合，在网络技术支撑下，最大限度促进公共利益实现。因此，多中心治理中的各个主体，如政府、企业等组织、民众等在多中心治理运行过程中，进行平等协商，实现合作共治。

（三）农村生态环境的多中心治理

多中心治理理论倡导建立政府、市场和社会组织、公民框架下的多中心治理模式，在此模式中，各主体都是平等、协作共同参与治理，彼此之间不再是单向命令和服从关系。但是，这并不否认在某些公共事务领域，政府在组织中起主导作用，其他参与主体与政府协同提供公共服务。例如，在我国农村生态环境治理中，市场、社会组织及公民参与环境治理可弥补政府治理不足，促使农村环境治理更加高效，真正解决农村生态环境问题。

1. 明确农村生态环境治理的目标

农村生态环境多中心治理，首先必须明确治理目标。农村生态环境治理本质上是我国生态环境治理在农村的体现，故其治理目标与我国生态环境治理目标是一致的。依据我国环境治理的目标，农村生态环境治理的目标主要体现为环境善治与实现环境的可持续发展。

如何理解环境善治呢？善治就是治理好或者实现好的治理。善治就是使公共利益最大化的社会管理过程，其本质特征是政府与公民对公共生活的合作管理，是政治国家与公民社会的一种新型关系，是两者的最佳状态。善治包括六大要素：责任性、合法性、法治、透明性、有效性、回应性。这也是衡量是否达到善治的标准。从农村生态环境治理角度看，实现该领域善治的标准在于，多中心治理方式必须具备治理的合法性、行为合理性、过程透明性、行动的有效性、良好的回应性。因此，实现农村生态环境治理的善治，应通过对话、协商、合作等方式，最大限度整合治理资源，消弭各参与主体之间的分歧，克服政府、社会组织、企业组织以及公民单一治理的弊端，实现农村生态环境善治。

另一目标是实现农村生态环境的可持续发展。可持续发展是指既满足现代人的需求，又能保障世代人需求的发展，简言之就是生态环境与经济、社会的协调发展。农村生态环境的可持续发展是环境可持续发展的重要组成部分，也是可持续发展的组成部分，是指既要实现农村的发展，又要保护好人类赖以生存的大气、淡水、海洋、土地和森林等自然资源和环境，实现中华民族的永续发展。在农村生态环境的可持续发展中，生态环境保护是其重要部分，这要求在农村生态环境治理过程中，必须在坚持生态环境保护的前提下发展农村经济，即在保护环境、资源永续利用的前提下推动农村经济和社会的发展。

2. 农村生态环境治理中的政府主体

在农村生态环境治理中，政府治理起着极其重要的作用，在传统治理方式中，政府是唯一的权威；在多中心治理方式中，政府是重要一极，仍然起着核心作用。随着市场、社会组织等主体的入场，政府更多地起着组织协调作用，并帮助表达或满足农民相关利益需求。政府在发挥组织协调等作用过程中，通过提供场所，将其他主体或者利益关联方协调整合，以促进农村生态环境的改善，进而创造共享的利益和共同责任。通过此种方式，不仅可以稳固政府主体核心地位，还可以激发其他协同主体的积极性。

3. 农村生态环境治理中的企业主体

企业主体是农村生态环境治理中的特殊主体。企业通常都是以营利为目的，即便是作为多中心治理中的主体之一，为农村生态环境治理提供公共服务，其仍然是以利润最大化为目标。因此，企业在农村生态环境治理中发挥治理功能的方式便是追求以最低成本提供最佳的公共物品。企业的此种特性导致其易于注重自身经济效益而忽略企业的社会责任。在农村生态环境的多中心治理中，企业成为治理主体要求其大力发挥治理功能，具体来说，体现在两方面：一方面是企业在生产过程中必须减少对农村生态环境的污染，提高防治污染效率；另一方面是努力承担相应的社会责任，为农村生态环境治理提供公共物品或者服务，大力参与农村生态环境治理。

4. 农村生态环境治理中的社会组织主体

通常来说，社会组织不以营利为目的，因此，其多是从事公益服务的主体，服务社会公众、促进社会稳定与发展的宗旨的社会公共部门，其组织特征是组织性、社会性、非营利性、自治性和自愿性。从农村生态环境治理过程来看，社会组织参与社会治理主要表现为，通过提供公共服务，宣传、鼓励相关主体积极服务于农村生态环境，引导或者劝诱相关主体积极为农村生态环境提供公共物品，或者组织协调各参与农村生态环境治理的主体。

5. 农村生态环境治理中的民众

在多中心治理机制中，民众也是主体之一，民众可以直接参与多中心治理。首先，民众是作为管理者参与治理，依靠自身的管理理念、知识、经验等为相关治理方式注入新活力；其次，民众是治理的对象，多中心治理需要对不同民众的利益进行平衡，以保障相关利益的平衡。农村生态环境的多中心治理要求政府与民众互动，既平衡利益，又鼓励民众积极参与管理，促进实现农村生态环境的治理。

三、协同治理理论

（一）协同治理理论的概述

1. 协同治理的内涵界定

协同是指在自然界和社会中某系统内各子系统或相关要素间协作，以实现系统的稳定有序，进而演绎出新的功能，实现系统整体的增值。在此种秩序状态中，系统本身涵盖范围极广，包括宏观与微观，涉及诸多领域的开放系统，同时，此秩序形成是自发而非人为的。协同理论主要包括自组织理论和协同效应理论，前者侧重于研究协同的过程，后者主要研究协同的效果。在系统中，自组织通常会依据内部特定规律自动协调成有序状态，除此之外，系统中还有不按照内部规律运行的组织，此种组织行动规律主要依赖于外部指令，此种组织被称为被组织。协同效应主要体现为协同所产生的效果，即多个子系统相互影响形成的整体效应。系统能否协同，关键在于各子系统之间能否形成向心力，指向共同目标，只要是按照共同目标协同，自然可以达到“1+1＞2”的效果。否则，各子系统会相互干扰，导致无法发挥系统本应发挥的作用。

通常来说，治理是公共事务管理的方式或者过程，包括管理者、公共权威、管理规则、治理机制和治理方式等因素。据此，协同治理通常指围绕着特定公共事务的不同主体，包括政府、企业、社会组织和民众在特定规则的指导下，通过共同参与、协商谈判、互助合作、共同行动等，共同管理公共事务，以促进公共利益的增值。对此，可以从如下方面来理解。

（1）各参与主体均有权威性

在协同治理中，各参与主体在处理公共事务过程中均具有一定权威性，都是治理方式中不可或缺的组成部分，企业、社会组织和民众都可以成为合法的治理主体。

（2）微观主体的角色定位鲜明

在协同治理方式中，各参与主体构建了一个多元主体的网络结构，在此网络结构中，政府被重新定位，虽然它仍然扮演着核心角色，但是它已经成了“有限政府”。在协同治理过程中，企业、社会组织、民众等全面参与治理的过程，成为协同治理的中心力量之一。

（3）重视各主体的相互协同

在协同治理中，政府与其他主体均是协同治理的主体，各主体之间能相互协调整合，从而产生协同效应，各主体的地位达到最佳平衡状态，使系统向有序状态转化，促进形成治理的良好秩序。

（4）重视各子系统的动态平衡

在传统的公共事务管理过程中，管理目的追求的是系统的稳定性，由于社会的不断发展，过于稳定的系统随时会不适应变动的社会。与之相对应，协同治理强调的是治理本身的动态变化，即与社会发展相对应，故协同治理所实现的系统有序状态离不开外因与内因的双重协同，即系统内部子系统的平衡是动态的，各参与主体之间的平衡是一种与社会变动相协调的动态平衡。

（5）根本目的在于增进公共利益

在协同治理过程中，多元主体依照既定规则广泛参与、平等协商、通力合作，其目标在于实现公共事务的治理，以维护和增进公共利益。

2. 协同治理的特征

（1）协同治理的层次性

协同治理的纵向范围层次明显，此处仅从宏观、中观、微观三个层面来分析。

①宏观层面主要体现为全球范围内协同治理。当今时代已经是全球化时代，诸多问题呈全球化特征，例如环境问题、战争问题等。全球一体化导致了全球公

共事务必须依赖于协同治理才能有效解决，这要求宏观层面必须重视国家间、国际组织之间以及国际与国内之间等保持协同合作，以全面应对国际公共事务。

②中观层面主要体现为政府的协同治理。对于我国来说，中观层面的协同治理主要体现为从中央到地方的协作治理，此种治理既可以是政府之间的协作，也可以是内设部门之间的协作。我国公共事务并非都是局限于某一区域，如今跨区域的公共事务早已屡见不鲜，较为典型的是环境问题与灾害问题，这些问题的治理，需要多级政府相互协作，以实现整体应对，全面治理。

③微观层面的协同治理主要体现为基层的治理，此种治理方式不局限于政府，企业、社会组织、民众等均可能成为治理主体，各治理主体均能发挥应有作用，成为治理的中心之一。

（2）协同治理系统的开放性

协同治理的多元主体在治理体系中均发挥着重要作用，均是权威之一，这决定了它们的身份是平等的，相处方式是平等协作的。在协同治理过程中，协同治理方式通过平等的协商、谈判、妥协、通力协作和共同行动来实现。此外，由于内部系统与外部社会变动是相互影响的，这也决定了此种变动是开放性的。只有在开放的状态下，各主体之间的物质、能量、信息、技术及人才才能实现有序流动与交换，整体与局部同步走向最佳，结构的有序和功能得到充分强化，进而促进政府、企业、社会组织、民众等主体齐心协力实现公共事务的治理。

（3）协同治理边界的模糊性

传统的公共事务的治理模式主要是依赖于政府管制，由此决定了其依赖的科层制结构及其运作方式层级鲜明、管制边界权限清晰。在此种管理模式中，职能归类清晰，功能类似人员通常归为同一单位，性质类似问题通常由同一部门（机构）处理。此种简单、有序、高效的管理模式十分有效地应对了相关公共事务。但是随着现代社会的到来，纷繁复杂的社会现象导致此种管理模式应对失据。为此，协同治理不得不提上议事日程。在协同治理模式中，各个参与主体均成为系统中的子系统，各子系统之间彼此地位平等、相互依存、共同协调合作，形成平衡有序的结构，共同应对公共事务。由于各子系统紧密关联且密切协作，相互间协调同步反应，因此，原有管理模式的清晰边界已经完全打乱，不复存在，最终造成了问题边界、地域边界、部门边界、层级边界、主体边界等边界的模糊性。边界的模糊性既有利于协作的进行，也有利于资源的整合、复杂公共事务处理的统筹和利益纷争的协调，进而促进协同治理成为现实。

3. 协同治理理论的功能价值

（1）促进政府优化供给公共物品或服务

进行公共事务治理是现代政府的基本职能。在现代社会，政府供给的公共产品或者服务较之前，在数量及质量上均有大幅提升，但是从传统的公共产品或者服务提供的视角看，由于供给主体的单一性，缺乏竞争，形成了单一性权威，这就留下了权力寻租的空间。此外，出于信息不畅等原因，供给与需求之间时常发生偏差，影响了供给产品或者服务的质量和效率。而协同治理作为应对现代社会而出现的公共事务新型治理模式，可以有效克服此弊端。由于其他参与主体的介入，多中心逐渐形成，政府首先面临着与其他提供公共产品或者服务的主体的竞争，导致寻租空间缩小，从而促进政府改进服务，优化相关产品或者服务。在多中心的状态下，由于不再是单一的管理模式，分工成为可能，政府可以集中精力聚焦于特定领域的治理，必要时政府与其他主体协同，针对各种不同公共事务，提供形式多样的公共产品或者服务。在此过程中，政府借助协同网络，可以提升或者优化公共产品或服务。

（2）弥补政府公共物品或服务供给的不足

管理公共事务是政府的主要职能之一，在协同治理模式中，政府与其他主体在治理上虽然存在分工，但是政府一般是协同治理的核心，而其他的协同治理主体则起着重要作用，其不仅可以发挥相关治理作用，而且可以提供更多符合实际需要的服务。即便是必须由政府负责供给的公共产品或者服务也可以借助于协同治理网络，由行政管理机制、市场机制、社会运作机制等相互协作，由相关企业或者其他主体来提供。况且，其他协同主体还具有政府所不具备的优势，例如提供独有的志愿性、公益性服务，此服务可以有效服务或者改善相关的公共事务，由于其不是借助于政府强制力来推进，而是依靠自愿，故更容易为人所接受。因此，其他协同治理主体可借助相关利益协调机制、诉求表达机制、权益保障机制、矛盾调处机制等，引导和促进组织与个人承担更多的社会责任，促进社会和谐。

（3）优化政府的公共政策及其效能

公共政策作为公权力为了解决公共问题、达成公共目标、实现公共利益的方案，其作用在于规范与指导机构、团体或个人的行为，其外在形式多样，包括法律、政策、命令、指示、规划等。公共政策是现代政府处理社会公共事务最主要，也是最重要的工具和途径，通过利益的选择、综合、分配和落实，达到公共利益保值增值目的。在传统管理模式下，公共政策的制定及其执行由于缺乏民众等主体参与，从政策问题的认定、政策议程的建立、政策的制定及执行均存在一定缺陷，易导致公共政策失效。在协同治理过程中，政府与其他主体地位平等，双方之间可以进行充分对话，在对话基础上建立互信，经过对话协商，求同存异，各种观点、主张、思想或诉求均能被包容，由此形成了各种利益的均衡。在此基础上形成的公共政策，代表大多数人的利益，也可以照顾到少数或者弱势群体的利益，易于为多数人接受，这也使得该公共政策的认可度及服从度相对较高。由此，此种公共政策成功概率大为提高。

（4）构建和谐有序的社会

和谐有序的社会是现代国家的基本价值追求之一，在现代社会，政府善治的基本要求之一就是为社会和公民提供优质服务，例如在提供公共物品、调控宏观经济、消除外在效应、维护市场秩序、调节收入分配和整合社会资源等方面作出种种努力以构建服务型政府。鉴于服务型政府主要在于为社会或者民众提供公共产品或者服务，故服务型政府与协同治理是十分吻合的。政府从公民需要出发，为人民谋幸福。在此过程中，政府与民众之间相互交换信息，相互协商，达成一致，在此协商过程中，充分遵循自愿原则。现代社会中，政府面临着整合分散的资源以推动公共利益的保值增值的任务，在此任务完成过程中，需要借助企业、社会组织、民众等多元主体，当多元主体共同实现公共利益时，协同治理成为各主体共同协商合作的必然选择。

（二）协同治理的基本要求

协同治理在主体上涉及政府、企业、社会组织和民众，在处理公共事务过程中，若涉及不同类型的公共事务，协同治理方式会受到影响，各治理主体为此发挥作用程度不一，协同模式也是千变万化，由此形成了不同的路径选择，协同治理效果呈现出差异性。

1. 主体层面的多重协调关系

从主体层面看，协同治理包括各种参与主体之间的协调，其组成形式多样，包括各级政府之间、政府与企业之间、政府与社会组织之间、政府与民众之间、企业组织与社会组织之间、社会组织与民众之间、企业组织与民众之间等主体相互之间的协同。主体之间的协同整合形式多样，可形成垂直型、平行型和混合型三种协同关系。垂直型协同关系，即各主体处于垂直有序状态，政府居首并主导此协同治理关系，其余主体共同参与公共事务。平行型协同关系是指各参与主体居于平行地位，彼此地位平等，在平等基础上展开协商对话、分工协作，以共同完成公共事务的治理。混合型协同关系是指在协同治理过程中，协同关系不存在明确的垂直型或者平行型的协同关系，而是混杂有两种协同关系。通常来说，公共事务会要求大致对应与之相一致的协同治理。针对协同关系的复杂性，不同公共事务要求的协同关系也不相同，为此，在针对特定公共事务进行协同治理之际，必须选择恰当的协同治理模式，选择适当的协同关系。在现代社会，由于社会复杂多变，公共事务的复杂性也越来越高，为此，单一性的协同关系适应范围相对变窄，混合型的协同关系的适用范围逐渐变宽。

2. 运作层面的多重方式

从协同治理的运作层面看，协同治理通常分为分散式与聚合式构成。分散式协同治理之间的协同相对而言更为松散，存在多个中心，各个中心皆可发挥治理功能，各中心之间相互依赖，信息共享且彼此间不断交换，完成各自范围内的任务。此外，对于需要经过彼此协作方能完成的特定任务，在特定范围内，作为各个核心的参与主体相互协作，完成任务。聚合式协同治理之间的协同相对而言更为紧密，尽管各参与主体都是作为中心而存在，但是不妨碍这些中心有着唯一的核心，此核心多为政府。聚合式协同治理就是围绕着该核心展开协同治理。在此过程中，所有环节和部分都围绕其展开，并且最终都需要汇聚到该核心。分散式与聚合式的协同治理对不同的公共事务治理效应差别很大，通常来说，分散式的协同治理更能应对形势复杂多变的公共事务，而聚合式协同治理更能高效解决相对简单的公共事务。因此，在公共事务的治理过程中，需要准确定性治理对象，以选择更为恰当的治理模式。

3. 行为选择层面的多重表达

从治理行为层面看，也存在两种路径选择，即以组织为中心和以民众为中心的行为路径。以组织为中心的路径主要体现为围绕核心来展开协同治理，其处理的公共事务通常由相关核心推动进行，并由组织主导协同治理的进程和确认相应治理效应。以民众为中心的行为路径紧密围绕民众的需求，解决民众相关问题，为其提供优质公共服务，故此种治理行为实际上主导的是民众需求自身，且最终治理效果由民众来确认。因此，面对协同治理的行为选择时，要首先确认协同治理需要借助的行为方式、主导协同治理的主体等问题，以便选择最适合的协同治理行为。

（三）农村生态环境的协同治理

农村生态环境的协同治理要求主体的协同合作，即政府、市场和社会主体之间必须告别相互分割、隔离、区别的状态，在平等协作的基础上展开，方可实现农村生态环境协同治理。

1. 政府依法行政是农村生态环境协同治理的前提

在我国的农村生态环境治理实践中，政府主体处于核心地位，即在协同治理过程中，政府起着支配性的作用。在农村生态环境治理中，政府的行为对政府、市场和社会三者协同起着关键性的影响，根据实践中出现的不协同的现象，政府及其执行人员的不作为、乱作为是此种现象发生的主要原因。显然，只有政府的行为具有可预期性，才能确保政府、市场和社会等主体在治理农村生态环境中协同一致，这就要求政府必须依法行政，规范自身行为，这也是构建政府、市场、社会的关系协同体系的关键点。

第一，要求厘清政府在治理农村生态环境中的职能及其边界。厘清职能边界要从横向和纵向两方面确定职能范围，在确定职能范围时尤其要注意区分政府与市场的职能分工，若涉及具体项目的管理，能够由市场运作的应该交给市场，政府只需要做好监督和服务工作。

第二，要求在农村生态环境治理过程中，相关决策必须符合法定程序，通过把公众参与、专家论证、风险评估、合法性审查、集体讨论决定确定为农村生态环境治理重大决策的法定程序，确保农村生态环境治理决策的制度科学、程序正当、过程公开、责任明确。

第三，政府应该加大信息公开力度，全面公开有关生态环境的信息和农村生态环境治理信息，强化农村生态环境治理政策的宣传解释力度。通过全面规范政府行为，促使其依法行政，才能保证政府、市场、社会的协同顺利展开。

2. 企业履行环境保护责任是农村生态环境协同治理的根本

企业是农村生态环境治理中不可缺少的组成部分。企业利用自然资源进行生产，由此导致了农村生态环境的污染破坏，其又是农村生态环境治理的产品提供者。因此，企业在农村生态环境治理中的角色非常特殊，其一方面是环境问题的制造者，另一方面又是环境问题的治理者，因此，强化企业的环境责任，促使企业履行其对于环境的责任，既是保护环境，进行农村生态环境治理的根本，也是构建政府、市场、社会关系协同体系的根本。强化企业的社会责任主要体现在强化企业对农村生态环境的责任，首先国家要督促企业开发或采用绿色技术，促使企业改进生产技术以减少污染物的排放，减少对自然资源的破坏，这样可以从根本上降低农村生态环境污染，进而消除由农村生态环境问题而引发的社会矛盾。此外，从治理农村生态环境问题的角度来看，企业提供优良的产品有利于促进环境问题的解决。因此，企业积极履行相关的社会责任是市场与社会实现协同的基础，某种程度上也为政府与社会协同奠定了基础。

3. 兼顾各主体利益是农村生态环境协同治理的核心

利益与人的自身需求密切关联，可满足人们的某种愿望或者需要。所谓利益，就是每个人根据自己的性情和思想使自身的幸福观与之联系的东西；换句话说，利益其实就是我们每一个人认为对自己的幸福是必要的东西。利益就是能够使社会主体的需要获得某种满足的生活资源，而这种资源满足的程度是以客观规律、社会环境和社会制度所认可的范围为限度的。农村生态环境治理作为人类活动之一，其同样是与利益紧密联系在一起的。包括政府、市场、社会作为治理主体，其行为选择与利益密不可分，而且农村作为农村生态环境的直接承受者，其也有一定的利益诉求。由于利益的稀缺性，冲突与平衡成为共同利益实现的必然选择。为此，针对政府、市场、社会以及农村（含村民）之间的利益冲突，必须实现各主体间利益协调，这是农村生态环境协同治理体系的核心。实现农村生态环境治理所涉及的各主体之间的利益协调，要求相关的立法、执法、司法均需照顾各主体的合理利益，以正确的利益观来引导人们的行为选择，以法律来规范人们的利益抉择行为，使政府、市场、社会以及其他主体在法律框架之内寻求自身利益。

协同治理本质上是一种新的治理方式，政府与市场、社会地位协同合作，在农村生态环境治理中，此种治理模式有利于最大可能实现农村生态环境治理所涉主体之间的利益均衡。为此，必须大力发挥协同治理在农村生态环境治理中的作用。

4. 法治社会是农村生态环境协同治理的保障

法治社会是我国各个领域有序发展的基本保障。法律信仰是实现真正法治社会的精神条件，是现代法律有效运行的心理基础，在农村生态环境治理过程中，首先要做的就是遵法与学法，即在全社会树立对法律的信仰。农村生态环境治理部门及其工作人员只有真正做到了遵法与学法，政府才能自觉执行农村生态环境治理的相关法律法规，企业才能遵守农村生态环境治理方面的法律要求，公民才会合法地表达自己的环境诉求，依法维权，才能避免政府与社会中主体、市场与社会主体的不协同。其次，要做到守法与用法。守法与用法要求严格依法办事，尤其是行政机关与司法机关只有做到了守法与用法，才能够实现法律面前人人平等，实现执法与司法的公正。在农村生态环境治理中，遵循法律面前人人平等的原则，就要做到所有的企业在污染物排放、污染治理方面遵循同样的标准，这样就能避免劣币驱逐良币现象，实现企业与政府、社会的协同。

总之，理论基础是开展学术研究的前提和强有力支撑。协同治理作为一种新的治理理念，是建立在众多理论基础之上的。协同治理整体性治理理论、多元治理理论等作为为应对新型公共事务而出现的治理范式，是解决农村生态环境问题的必然手段。

第二节　农村生态环境协同治理的实现机制

一、树立协同治理理念

（一）树立利益共识观念

达成利益共识是协同治理的出发点，是公共事务领域形成公共利益至上的思想观念。农村生态环境治理事关民生福祉、经济发展、社会和谐，是政府治理水平的反映，是全面推进国家治理体系和治理能力现代化在环境管理领域的直接体现。生态环境与人类安全息息相关，保护生态环境是人类生存和发展的重要条件。在农村生态环境治理过程中，保护农村生态环境和维护民众的生命健康是治理的根本目的。

在农村生态环境协同治理中，应当坚持将人与自然和谐共生作为治理的根本性目标。在经济快速发展的同时，粗放型的发展模式带来的负面效应也十分明显。生态环境为了服务经济发展，既为其提供了发展所需要的物质基础，又为其解决了废弃物排放的问题，但这也带来了农村生态环境恶化等问题。

为了解决上述问题，必须强调如何兼顾经济发展与环境保护两者的利益，即实现人与自然的和谐共生。兼顾两者利益本质上就是要达成利益共识，即要求在农村生态环境治理中平衡生态利益与经济利益的关系。农村生态环境治理所指向的利益属于公共利益，公共利益相对而言较为抽象，必须通过相关法律规定使其明确化，达成利益共识本质上是要实现相关的公共利益。从农村生态环境治理来看，此种公共利益主要是指生态利益，即体现为农村生态环境的利益，此种生态利益实际上包含两个方面：一方面直接体现为生态系统自身利益，即改善环境；另一方面是由生态利益所带来的人类享有的利益，如因农村生态环境改善所带来的美好生活环境利益，由此带来人类生命健康得到改善的利益。当前，国家鼓励将环境保护放在重要位置，追求环境保护与经济发展的和谐统一；当有个别企业为追求自身利益而损害生态环境时，应该让其受到应有处罚，确保人与自然的和谐共生。

（二）树立相互信任理念

多元协同治理的基础是信任，只有各方主体建立了互信机制，才能够在此基础上形成融洽的关系，从而形成内聚力，达成协议，进而降低交易成本。要实现多元主体对农村生态环境的协同治理，就需要建立根植于主体间的以互惠为基础的信任文化，为此，需要做好如下几方面工作。

1. 通过建设政府部门信任文化促进政府信用体系的完善

政府信用在信用体系中处于核心地位，是国家信用制度的基础。政府信用良好会提升民众信心，增强民众向心力，促进社会良好秩序的形成，降低社会运行成本。在农村生态环境协同治理体系中，政府是主导者。在此治理过程中，具备良好信誉的政府主导的农村生态环境协同治理，可以吸引和引导其他主体参与，共同解决农村生态环境问题。总之，需要通过建设与农村环境管理相关的政府部门的信任文化，促进政府信用体系的完善，进而形成有利于农村环境治理的诚信文化。

2. 通过构建个人信任来促进各主体内部的互动沟通

通过构建个人信任来促进各主体内部的互动沟通是指单一农村环境治理主体内部的信任，即政府、企业、公众等主体内部的信任。通过各主体内部信任的构建来实现主体内部的和谐秩序，最终形成以互惠为基础的内部信任文化，为主体间的互动信任搭建平等谈话、沟通、协商的有机平台。

所有参与协同治理的政府部门、企业、社会组织等都是由个人组成的，这些组织之间的协商、合作、决策、执行等行为也都是由具体的人来完成的，因此，个人之间的互信度事关组织之间的协同治理能否顺利推进。要构建个人之间的相互信任，需做好如下几点。

第一，要塑造好个人的信任品质，即对于组织来说，必须使本组织内部成员具备值得信赖的品质，组织成员代表组织与他人进行交涉之际，要诚实守信、开诚布公，解决分歧，严格遵守协议；组织成员还应该具有全局观念，善于团结他人，努力服务团体目标。

第二，培育组织领导人的信任机制，组织领导人是组织的形象体现，其应该遵守法律，严于律己，确保自身的正面形象。组织领导人要注意公私关系，在不同场合区分好公私关系。

3. 通过建设社会信任文化营造良好的信任氛围

通过建设社会信任文化营造良好的信任氛围主要是社会层面的信任，即构建社会层面的信任文化，营造良好的信任氛围。可从以下两个方面着手。

第一，积极推动信任文化构建的宣传。通过典型信任事例的宣传，以榜样的力量使广大民众了解信任价值的重要性和可能性，让信任观念根植于广大民众的心中。

第二，党员干部要充分发挥引领示范作用。通过党员干部带头，提高整体队伍道德素养，带动全社会形成信任文化，营造社会层面的互信互惠、精诚合作的文化氛围，进而助推农村生态环境治理中信任文化氛围的形成。

（三）树立风险共担观念

1. 确立风险预防观念

现代社会是风险社会，风险社会最大的特征是不确定性，因此，预防原则是风险社会的首要原则。农村生态环境协同治理本质上也是风险社会视域下的风险治理，因此，应该将风险预防作为基本价值取向之一。风险预防要求提前介入农村生态环境利益的维护，树立风险预防观念，从源头上防治农村生态环境污染或生态破坏，对于违法犯罪行为及早进行打击。同时，要及时引导宣传，使民众了解并支持预防原则所带来的好处。从农村生态环境来看，经济发展对于此种生态环境造成的危害所引发的风险系数较高，带来的危害也显而易见。为了应对此种风险，确保农村生态环境良好，维护国家的生态安全，必须确立风险预防观念，努力推进协同治理。

2. 确立风险责任观念

在风险社会，确立风险预防理念只是第一步，为了有效防范风险，还必须将其落到实处，以实际行动来应对风险，为此，必须明确应对风险行为的责任，以责任来落实风险预防。为了应对风险，农村生态环境治理体系必须进行转变，实践中就是由政府监管责任观念向协同治理风险共担转变，预防成为治理的一环，然后明确风险预防责任的分配并实施，最终实现善治。

在农村生态环境协同治理过程中，政府通过制定政策、法律及相关制度来明确有关权力与责任，以此来防范风险。乡镇企业对其生产经营行为承担相应责任，一旦造成农村生态环境污染或破坏则必须受到相应的处罚。民众应该自觉树立环保意识，实施环保行为，防范农村生态环境风险，不能转嫁或者规避风险。

（四）树立平等互动观念

在农村生态环境协同治理关系中，各主体之间分工存在明显区别。多元主体之间尽管有主导与非主导之分，但是彼此间的地位是平等的，其共同参与农村生态环境协同治理，共同承担治理责任。在此协同治理关系中，各主体之间并非命令与服从的关系，而是基于互信基础上形成的平等、契约式的合作伙伴关系。

在农村生态环境协同治理开展过程中，政府部门作为主导者，起着领导作用，具体表现在以下方面。

第一，政府是推动者、引导者和服务者，主导治理全过程。在此种主导关系中，政府需要超脱原有的区域观念、行政级别观念，在平等协商基础上，积极引导其他主体参与农村生态环境治理。

第二，政府需要通过提高沟通频率，强化各方协商合作，使各参与主体能够找准定位，迅速融入协同治理之中。

第三，政府还应该培养其他治理主体参与集体行动的能力，使其彻底转变为真正的治理主体。

第四，对于陷入身份困境的治理主体，需要使其明确自己的角色定位、存在价值、权利义务等。其他主体在政府主导之下各司其职，由此形成稳定有效的治理结构，共同推动农村生态环境协同治理顺利进行。

二、培育多元共治主体

（一）加强政企之间的“内外协同”

在农村生态环境治理过程中，企业身份较为特殊。一方面，企业是农村生态环境问题的根源，其在生产经营过程中，利用自然资源进行生产不仅会破坏自然环境，而且排污过程会污染生态环境；另一方面，企业又是农村生态环境治理的主体之一，企业在此多元共治格局中的地位及作用的发挥程度会影响到农村生态环境防治的整体效果。因此，加强政企之间的“内外协同”是农村生态环境治理的重要工作之一。

1. 引导支持企业参与农村生态环境治理

治理农村生态环境一般需要依靠企业等修复和改善被污染破坏的生态环境，修复受损的农村生态环境是一项长期而复杂的工程，需要大量的资金支持。对于政府来说，可以为企业投资提供引导或者服务工作，例如提供财政支持来设立生态基金，鼓励其他社会资金投入农村生态环境防治的项目，还可以利用财政投入鼓励企业节能减排等。除此之外，地方政府可以创新服务方式，如通过相关政策鼓励大力发展绿色信贷和金融优惠，鼓励对节能环保企业提供担保，大力发展节能环保产业。

2. 促进第三方企业参与农村生态环境治理

在农村生态环境治理实践中，设备管理混乱或者对环境治理不够重视等，造成了治理效能低下，进而影响农村生态环境治理效果。许多国家专门采用第三方企业来治理污染等工作。目前我国在农村生态环境治理过程中也在积极采用此种方式。

第一，具备条件的地方可以考虑采取特许经营方式，即国家特别许可第三方企业利用自有设施来进行环境治理，并根据相关政策享受国家优惠补贴。

第二，可以采用承包方式，即第三方企业接受委托，利用他人所有设施防治环境污染等。

第三，利用招投标方式为第三方企业搭建参与治理平台。此种情形充分利用了环保市场来推进农村生态环境治理，通过招投标方式引入专业企业进行环境治理，不仅可以提高环境治理水平，更有助于提升治理效果。

（二）加强政农之间的“参与协同”

政府与农村居民之间的互动是农村生态环境治理的重要一环，是确保农村生态环境协同治理得以实现的基础，必须妥善处理好协同治理过程中政府与农村居民的关系。

1. 尊重公众生态环境利益诉求

农村的生态环境治理不仅与农村居民利益息息相关，也与每个公民的利益息息相关。因此，政府需要引导全民参与环境治理过程，通过制订与农村生态环境相关的行动计划、方案，使民众认识到保护农村生态环境人人有责。在引导过程中，要制定鼓励公众进行利益表达的机制，鼓励和尊重公众的意见和建议，将其意见和建议的合理成分纳入农村生态环境治理过程，并对有贡献者予以奖励，进而促进公众由被动到主动，积极参与农村生态环境协同治理。

2. 健全和完善公众参与的法律保障制度

第一，完善农村生态环境治理中的公众参与制度。政府可以采取多种形式了解民众对生态环境的诉求，例如座谈会、论证会、听证会等形式，也可以通过第三方组织进行调查研究的形式；通过创新监督方式，引导民众对农村生态环境相关的建设项目等进行有效监督，或者对政府等治理主体的治理行为进行有效监督。完善公众参与制度，才可能实现民众参与农村生态环境的协同治理。

第二，完善公众参与农村生态环境治理的奖励制度。环境保护领域的行政奖励是环境治理推进的激励性手段，其主要针对在生态环境保护过程中作出贡献的单位和个人；从奖励内容上看主要包括精神和物质两种方式。

3. 保障并畅通公众参与渠道

第一，要确保公众参与权利的落实。需要完善相关规定，保障公众参与权利能够真正落到实处，进而构建起农村生态环境治理体系中的公众参与机制。

第二，要畅通公众参与的渠道。除了传统的信访等渠道外，还可以广泛使用协商会、听证会、媒体、网络等新的参与渠道。

三、构建协同治理平台

（一）进行网络整合

1. 互联网时代农村协同治理的主要模式

互联网时代农村协同治理的主要模式有以下三种。

（1）公开—监督模式

①适用情境：信息闭塞，公开监督不足。

②具体做法：

第一，推进信息上网与信息公开。早在20世纪90年代，国家就开始推行电子政务建设，试图通过互联网技术推动政府信息上网，实现政府信息透明与公开。随后，国家又出台相关政策，要求继续深化政府信息公开的深度与广度。

第二，畅通信息沟通与监督渠道。信息沟通既需要政府信息的及时下达，也需要基层民众意见的畅通上传。

③借助平台：各级政府门户网站中的在线咨询、在线留言、电子信箱等栏目。

④协同程度：政府依然处于主导地位，协同水平相对较低。

（2）互动—协商模式

①适用情境：社会分歧存在，利益需求多样。

②具体做法：

第一，推动多元主体互动与对话。近年来，以微博和微信为主要平台的“微政务”成为基层社会协同治理中不可或缺的工具。

第二，意见与政策协商。针对一些事关农民切身利益的方针政策，基层政府部门可以通过电视问政、在线座谈等方式与农民互动，听取农民意见，促使政策制定与执行既要有法可依，又要体现农民意愿，做到政策真正落地。

第三，提供个性化服务。基层政府充分利用互联网技术的交互协同功能，向特殊群体提供有针对性的公共服务。

③借助平台：政务微博、政务微信、QQ群、微信群、政务微信平台。

④协同程度：协同水平明显提高。但政府主导的痕迹依然明显，农民等主体的参与程度还有待提高。

（3）开放—共治模式

①适用情境：信息技术迅猛发展，现有治理体系和治理能力不足。

②具体做法：

第一，推进数据开放共享。同时，还要注重社会数据资源的收集与共享，鼓励社会主体通过各种移动终端采集数据，上传数据，实现“人人可参与，随时可发布”。

第二，创新合作平台。大数据开放共享要以相应的平台为依托，在方便快捷的智能平台上实现多元主体的优势互补，做到“举众人之力，集众人之智”。同时建立各级综合指挥室，实时联动各平台内部及其与外部主体间的无缝对接与资源共享，效果良好。

第三，实施开放式治理。互联网技术的广泛应用倒逼基层治理由封闭走向开放，形成一种新的开放式治理体系。

③借助平台：政务微博、政务微信、QQ群、微信群、移动App。

④协同程度：协同程度更高。受公共数据开放共享程度影响，多元主体间的协作共治还有很大发展空间。

2. 选择协同治理模式的三个原则

不同区域的农村生态环境千差万别，同一区域的农村社会发展情况也各不相同。基层政府必须结合现代技术，通过信息化等手段提高协同治理程度，实践中需要把握如下三个原则。

（1）根据互联网信息技术发展水平合理选择

我国互联网技术发展的不均衡，导致全国各地基层政府利用信息技术治理农村生态环境时水平不一致，所以，基层政府在积极利用“互联网+”推进辖区内农村生态环境协同治理时，应充分考虑本地信息技术发展的程度。

（2）根据农村居民实际需求情况合理选择

“互联网+”时代的农村生态环境协同治理，治理模式必须符合满足农村居民的实际需求。

①若互联网技术受限，广大农村居民更希望采取公开监督的治理模式，以参与农村生态环境治理，防止基层农村生态环境执法者选择性执法，当农村居民愿意参与监督农村生态环境问题及治理时，“公开—监督”模式是一个较好的选择。

②若农村居民希望更多地参与农村生态环境治理事务，寄望于以自己意志参与治理，想要得到政府与社会认可，此时协商治理模式成为必然，因此，政府、社会与农村居民之间的多元治理多选择“互动—协商”模式。

③若农村居民的环境权利不断觉醒，由于强烈的环境权利需求，农村居民想要取得完全的治理主体资格，坚持参与农村生态治理的全过程，此时最佳的协同

治理方式是合作治理模式，即多采用“开放—合作”模式。

（3）根据政府治理能力合理选择

制约协同治理模式的因素还有政府自身能力。根据有关机构的调研，我国各地政府治理水平参差不齐，尤其是在面临信息技术冲击之际，治理水平差距十分明显。在进行农村生态环境协同治理时，政府作为协同治理的主导者，必须主动调适，以适应历史巨变所带来的治理转型。因此，政府的治理水平不同，其参与农村生态环境协同治理模式有别。

①若政府信息公开不足，社会监督难以到位，则可以采用最基本的协同规制模式，即大力公开信息，引导民众监督执法行为。

②若政府、社会、企业等治理主体之间围绕农村生态环境问题存在重大分歧或者利益冲突，可以多采用协商等协同治理模式，即在信息充分的基础上，推进治理主体之间展开互动协商，以达到一致的结果。

③若政府水平不足以应对日益复杂的农村生态环境问题及多元民众需求，可以力推合作模式，即政府、企业、社会、农村等主体在信息充分的基础上开展有效合作，通过“公开—合作”的协同治理模式，促进治理体系与治理能力现代化。

3. 具体做法

（1）农村生态环境信息管理系统：一种折中的技术安排

农村生态环境信息管理系统是信息技术在环境治理领域的新应用。信息技术是改善治理绩效的有效手段，通过信息协同整合，可以建构各个农村生态环境治理的整体性网络，从而完善协同治理效果。然而，此种信息技术手段会冲击现有的治理格局，削弱现有行政体制的权威性。此种局面易产生行政架构与治理手段的矛盾化，此种矛盾的解决多是在妥协范围内实现的。依托农村生态环境信息管理系统，应该是一种折中的技术安排。一方面其直接关联农村生态环境信息，通过端口连接，促进政府部门联动，针对生态环境问题展开协同，在横向整合基础上展开治理。另一方面，其也满足了上下级政府部门的相对封闭要求，易于实现管理与考核工作。借助农村生态环境信息管理系统，促进不同政府部门之间的信息共享与业务协同，此种模式仍然是基于科层模式，其虽然提供信息，但不干扰权力运行，虽重塑行政流程，但并不改造流程所涉及的行政单元。由此可见，农村生态环境信息管理系统未干扰独立的权力单元，故事实上未削弱政府部门的自主性，正是由于农村生态环境信息管理系统具有此种特性，才更容易被包括政府部门在内的环境治理主体所接受。

（2）“互联网+政府”：方方面面的协同治理

此时，应具备如下条件。

①进一步完善政务信息公开和面向社会服务的基本制度，制定信息采集、交换、公告、网络建设等方面的实施标准，为实现政府信息完全共享做好制度准备。

②加强对人口、房屋、证件、职业、车辆、场所、网络、组织、环境等基础信息的采集和录入，建成人口基础、法人单位基础、人才资源、社会保障、自然资源基础、生态环境、宏观经济数据、交通安全、公众及企业信用等全方位的信息库，并以此信息库为基础构建信息资源共享数据库。

③紧密追踪与农村生态环境协同治理密切相关的部门，如财政、交通、农业农村、生态环境、自然资源等部门，要求其及时将相关信息在综合平台予以发布。

④大力推行网上受理、审批、办公、服务，实现资源的在线申请与调度，并在广大农村群众中进行宣传教育与普及。

⑤加强对综合平台的建设和维护，建立完善集网上巡查、网上监督、动态管控于一体的综合防控体系，同时加强专业人才队伍建设，培育发展信息员、网评员等群防群治力量，提高对农村生态环境的管控能力。

（二）加强制度建设

制度保障是农村生态环境协同治理的关键，明确的制度不仅是农村生态环境协同治理的依据，而且为农村生态环境协同治理提供程序保障，有助于农村生态环境协同治理效应的顺利实现。具体来说，可以从如下方面强化制度建设。

1. 加强与协同治理过程相关的制度建设

第一，农村生态环境协同治理需要相关配套制度，例如决策制度、协商制度、绩效考核制度、应急处突制度、联合审查监督制度等。

第二，这些制度对协同治理过程中的相关事项均有规定，例如协同主体与层级、协同的方式与手段、协商规则与协调、责任落实、监督检查及问责等。

第三，在配套制度的制定、完善以及实施过程中，政府部门应该在平等基础上，与企业、民众协商，一起构建容纳多主体的制度框架和运作机制。

2. 促进制度之间的良性互动

实现农村生态环境协同治理需要相关制度之间的良性互动。制度之间的互动是否良性是检验协同治理能否顺利推进的重要标准，良好的制度互动是协同治理良性发展的前提。良好的制度互动要求多种制度之间保持协调一致，为了达成此目标，在制度架构上必须满足多元主体协同规制的有效进行，既要保证主导的政府部门等主体有效发挥作用，也要确保其他主体有效参与，通过互补而发挥协同作用。另外，制度之间不能出现“打架”现象，要彼此一致，能充分体现制度合力，能助推农村生态环境协同治理的顺利进行。

3. 创建完善的制度环境

农村生态环境协同治理的顺利开展还需要完善的制度环境。只有完善的制度环境，才能保证农村生态环境治理相关制度得以良性运行。政府为此需要营造多元主体协同共治的良好氛围，并完善相关体制机制。例如在此协同治理过程中，政府可以通过制定相关政策加大对多元主体协同成果的认定与保护等，促进各主体之间形成良性的合作关系，进而形成治理合力。此外，政府应该发挥好主导作用，以身作则，督促其他治理主体依法认真履行农村生态环境的治理职责。

四、完善协同治理的相关机制

（一）健全协同治理的相互信任制度

信任是协同的核心要素，是协同行动得以展开的基础，在农村生态环境协同治理过程中，只有参与治理的各主体之间相互信任，才能深入协商，深度合作。制度信任属于更高层面的信任，制度作为规范的体现，其对于行为具有很强的指引作用，可以形成普遍约束力，并内化和影响个人的行为抉择。在农村生态环境协同治理过程中，制度信任一旦形成，便能够有力推动协同治理行为有序进行。具体来说，可以从如下方面来构建信任制度。

1. 将诚信行为纳入内部考核机制

通过政府信用平台实现对执法者的考核，在平台上录入执法者的执法行为，确定执法者是否诚信执法，其诚信行为将折合为具体分数，作为考核的主要指标。

2. 将诚信行为纳入奖惩机制

对于诚信度高、善于合作的执法者予以奖励；对于失信于民、扯皮推诿的执法者要及时预警；对于权力寻租，造成严重后果的追究纪律责任与法律责任。企业、非政府组织、公众（农民）等主体可以对政府执法行为进行评价，内容可以多样化，例如能力与执行力、守法、守信、社会声誉、对于协同治理的态度等因素，在综合上述内容的基础上形成自己的判断，此种判断正确与否很大程度上决定了协同能否推进。

（二）完善协同治理的沟通合作机制

1. 加强协同治理的沟通机制

（1）构建农村生态环境信息追溯系统

统一相关农村环境信息是完善协同治理的重要手段，在信息统一的基础上实现农村生态环境信息全程追溯，这是农村生态环境信息共享的前提。在全国范围内构建农村生态环境信息追溯系统，要做好如下几点。

①建立农村生态环境信息追溯系统，并建立相关制度保障。制度保障应包括对追溯系统的要素、评价指标、信息采集、信息交换、信息发布等具体环节的制度，农产品质量标准，农村生态环境基本信息安全保障制度等。

②提高协同主体对农村生态环境信息追溯系统的认可度。要使农村生态环境信息追溯系统建立并发挥作用，需要多元主体的高度认同、全程配合和共建共享。政府应设计现实可行的激励制度，帮助行业协会加大投入，组织企业自主加入农村生态环境信息追溯系统，同时做好宣传工作，提高公众对农村生态环境信息追溯系统的认可度；企业应加大自主落实力度、主动上报生态环境信息；社会组织应充分发挥监督作用，并加大宣传力度，利用多手段、多平台传播农村生态环境信息追溯系统相关知识，增强社会公众环保意识和对追溯系统的认可。

（2）完善政府农村生态环境信息公开制度

在生态环境监管方面，我国各级主管部门能够做到政府信息公开，但是在以下方面还存在需要改进之处。

①改变以往“公开模式重形式轻内容，公开内容上重原则轻细节”的做法，努力做到既重形式又重内容，既重原则也重细节，不回避敏感信息，按时公开。

②增加依申请公开的农村生态环境信息内容，明确申请范围，细化相应程序，将该制度真正落到实处。

（3）完善农村生态环境信息共享机制

共享各方均有自身利益，这些利益体现在政治、经济、社会等各方面，在博弈过程中要实现各方的利益均衡，在利益均衡的前提下来实现短期或者长期的信息共享。具体而言，信息共享包括两种。

①战术性共享。战术性共享是一种适度共享而非充分共享，主要体现在技术、业务等层面的共享。它建设的方式是由政府特别是上级政府主导推进，需要政策社群或府际网络更多的行政介入，进行相当多的基础性投入，形成“无偿提供为主+有偿提供为辅”的模式。

②战略性共享。此种共享是一种全方位的共享。即在政策社群或府际网络的引导下，充分发挥经济、政治和社会利益的调节作用，促进政策社群、府际网络、企业网络、专业网络等网络之间实现全面协同，深层次参与信息共享，形成多元主体、多维视角、多种渠道相互支撑的模式，建立或者完善信息公开系统、信息增值系统、决策咨询系统、业务管理系统。

2. 建立协同治理的合作机制

协同与治理是协同治理的两个不可或缺的方面，协同是治理的前提和基础，治理是合作的目的，要顺利达成农村生态环境的协同治理，必须完善协同机制。从农村生态环境协同治理来看，要做到政府、市场、社会、民众的协同，必须建立合作机制。

（1）表达协同机制

表达层面的协同是政府、市场、社会等主体在表达方式上的协同。具体来说，是指在进行农村生态环境协同治理时，政府、企业、非政府组织、民众等通过特定途径，表达其与农村生态环境治理相关工作的倾向性意见或者偏好。在农村生态环境协同过程中，需完善参与主体表达意见的机制，尤其是表达协同的机制，以及时沟通化解矛盾，否则易陷入缺乏互信的状态，进而导致协同困境。

①对于政府而言，关于农村生态环境事务的表达方式多种多样，可以通过文件、发言、新闻媒体等方式来进行。政府还应该建立表达平台，如通过其网站和微博等媒体来表达信息、收集信息、引导舆论，并使其他主体相互了解各自需求。

②对于农村居民来说，传统表达方式较为单一，多是农村居民向村民委员会表达，之后村民委员会代表农村居民向基层政府表达，传递相关意见或者诉求。这是一种递进式表达方式。若反向而行，其又是政府通过村民组织向民众反馈有关情况，故此种协同表达能够顺利展开，有助于达到协同治理的目标，进而实现三者的共同需求。

③对于企业和其他组织而言，其与政府之间的表达更为迅捷，可以直接借助网络技术、政府信息公开平台等方式和途径表达意见或者诉求，例如在农村生态环境协同治理过程中，企业可以通过此种方式表达参与招投标意愿，或者凭借自身技术与政府协商表达参与污染防治的意愿等。

（2）决策协同机制

在协同治理模式下，政府尽管起着主导作用，但是本质上所有参与主体均是地位平等，并在平等基础上协商合作，共同治理农村生态环境问题。因此，此种治理模式下，政府、村民自治组织和村民是主要的决策主体。基于协同表达机制，政府可在甄别信息基础上，吸收合理成分并作出相应决策；其他主体在了解准确信息基础上，选择自己认为合理的决策行为。在农村生态环境协同治理过程中，各参与主体在接受准确信息基础上协同决策，进而达到解决农村生态环境问题的目的。

（3）筹资协同机制

资金支撑是农村生态环境协同治理的物质基础，只有有了充足的资金支持，才能有效治理农村生态环境，促进人与自然和谐共生。

财政投入是农村生态环境协同治理的主要资金来源。在农村生态环境治理过程中，各项环保设施多是依靠政府财政而建立起来的，但是设施的维护费用通常也很高，同时，对于农村生态环境协同治理机构运转费用和环保人员的工资投入一般也由基层政府负担，对于基层政府而言，财政投入压力非常大，尤其是欠发达地区基层政府更是难以为其提供足够的财政支持。

企业资金是第三方资金来源的主要形式，然而在农村生态环境治理中的第三方资金投入大多无利可图或者回报率过低，因此，对企业来说，此种投入基本处于亏本状态。为此，需要在如下几个方面加以改进。

第一，可以借助参股、控股、合资等方式吸引更多企业进入，参与促进农村生态环境协同治理项目的建设与运营，大力提升农村生态环境的基础设施建设水平。

第二，通过行政奖励使企业获得正面评价，由此提升企业的社会声誉，进而使企业获得更好的发展平台。

第三，对积极参与农村生态环境治理的企业，允许其在处理农村生态环境问题过程中对部分资源拥有处置权，如拥有农村垃圾的处置权，一旦形成规模效应，就会产生巨大收益。

第四，通过减税或免税政策使企业降低成本，或者通过政府补贴，使其获得相关利润，以此来鼓励企业积极投资农村生态环境治理领域。

实践中，有不少发达地区的村庄通过村民自愿筹资的方式来缓解本村环境治理资金紧张的局面，但是此种方式若形式不当则容易造成摊派，给农民造成负担，故此种方式应该要坚持自愿原则，基层政府也要加强监管。

（三）完善协同治理的激励监督机制

1. 完善协同治理的激励机制

激励手段是管理过程中的常规手段，合理运用激励手段，有利于提升各参与主体的积极性，有助于促进治理目标达成。

（1）根据不同主体采取灵活多样的激励手段

从物质奖励和精神奖励方式来看：对政府来说，可以根据考核情况，对考核优等的组织或者个人予以物质奖励和精神奖励；对于社会组织来说，其是公益组织，更加关注精神奖励，对其可以多采取精神奖励的方式；对企业来说，其最关注的是利润，故对其奖励可以采取政策或者税收优惠；对于民众来说，奖励可以采取精神为主、物质为辅的原则。

从目标、榜样、分配、危机激励等形式的激励来看：①基层政府可采用目标激励，为其他参与治理的主体设定特定目标，将目标与利益相关联，目标达成即获得利益；②榜样激励是指基层政府对在农村生态环境协同治理过程中作出贡献的特定榜样给予物质或精神奖励；③分配奖励是指在分配方面予以的奖励；④危机激励属于反向奖励，通过营造危机感而促使其他参与主体积极维护公共利益和实现公共目标。

（2）完善绩效考核及环保问责机制

在农村生态环境治理过程中，绩效考核与环保问责机制是最重要的激励手段，在其协同规制中发挥着重要的作用。

完善绩效考核机制，针对各治理主体的实际治理行为及结果进行客观评价，考核优秀的予以奖励，考核不及格的予以问责或惩罚，这样才能确保协同治理主体之间的平等地位得以实现，真正发挥协同治理的效果。此外，为了有效考核，可以从考核方式、指标、内容以及考核评价等方面进行不断的完善。在考核内容上，要彻底破除以GDP为核心的绩效考核制度，更多地关心环境治理的效果和水平，以整体利益和全局利益为重。针对跨区域的农村生态环境协同治理的绩效考核，经济增长指标不能作为主要依据，而要以环保指标、社会效益指标作为重点考核对象。

在环保问责机制建设中，要大力推进环保问责常态化、制度化，层层抓落实。对于有关政府及相关工作人员而言，必须突出环保因素在考核中的地位，与年终目标考核、任期考核以及干部任用考察等结合起来，建立环境审计以及终身追责制度，不断加大对环境治理和违法行为的问责力度，促使各级政府机关及工作人员能够认真完成农村生态环境协同治理的任务。

（3）要善于运用经济激励手段

在农村生态环境治理过程中，可以运用税收等政策激励手段。例如在许多乡镇有很多小型污染企业，它们由于技术设备落后且资本及规模太小，难以有效配备相关污染防治设备，在生产过程中常常违法排污，污染当地农村生态环境。针对此类企业，政府部门应该提高类似产品的征税额度让企业无利可图，利用税收手段淘汰重污染小企业，激励清洁生产型企业的建立和发展。此外，对于一些具有环保意识的中小企业而言，其确实没有经济实力引进环保设备和技术，政府部门应该设立专项环保基金，向中小企业提供资金援助，并与有关部门、专家等协同提出污染处理方案，从而避免企业破产带来的社会风险，提升农村生态环境协同治理的效果。

2. 健全协同治理的监督机制

对农村生态环境各参与主体进行协同治理，可以确保治理效果。但是在协同治理过程中，协同环节或者治理环节可能存在无法按照预定计划运行的情形，为此，必须健全相关监督机制，确保协同治理稳定有序运行。

（1）加大农村生态环境执法落实力度

针对农村生态环境协同治理，鉴于涉及多个行政部门，存在环境执法难以落实等问题，为此，必须加大环保执法落实力度，以解决农村生态环境协同治理中的不作为、乱作为、少作为问题，尽量保证协同治理的效果。因此，必须做到以下方面。

①完善环境执法责任制度、评议考核制度，切实增强基层农村环境治理执法机构、执法人员的责任意识。

②规范农村生态环境执法体系，坚持做到文明执法、科学执法、高效执法。对于多部门联合执法过程中存在的矛盾要及时化解，及时改进。

③应该加强执法队伍建设，注重执法人员综合素质水平的提升，提高环境执法人员的执法水平。

（2）健全农村生态环境执法监督机制

在农村生态环境协同治理过程中，要确立科学有效的农村生态环境执法监督机制，以促进依法行使执法权，杜绝执法权力的滥用。具体来说，健全农村生态环境执法监督机制需要做好以下几点。

①要加强协同治理主体之间的双向或多向监督。为了减少农村生态环境协同的风险和损失，必须对参与协同的各方进行监督。

首先，基层政府依法监督其他参与协同主体的职责履行情况，确保其能够依法依规履职，实现农村生态环境协同治理的效果。

其次，基层政府要接受其他协同治理主体的监督。一是来自企业和社会组织的监督，其在农村生态环境协同治理过程中的决策、执行都必须公开并接受监督，基层政府对于监督者的合理意见和建议需要采纳，以外部压力促进基层政府在领导生态环境协同治理过程中保持正确导向。二是接受公众的监督。发挥公众的监督作用，能促进政府科学决策，进而推动农村生态环境协同治理的良性运行。具体来说，可以在网络平台收集信息或设定环境投诉电话与信箱，及时反馈或者公开答复民众。

最后，加大多元主体之间的相互监督。监督的内容不仅包括信息共享、协同目标、治理方式，还包括协同理念实现程序的监督。通过监督来推动农村生态环境协同治理，促进多元共治格局的形成。

②大力改进监督方式。监督方式的改变主要指更多地利用互联网进行监督。互联网具有信息丰富、影响巨大、冲击力强、效果明显等特点，及时对农村生态环境协同治理的落实情况作出监督，有利于督促参与主体及时纠偏，确保治理方向与效果。对于基层政府及其他治理主体来说，要正确认识到网络监督的特征及其价值，重视发挥网络的监督作用，以扬长避短，依法依规参与农村生态环境协同治理。关于如何利用网络监督的问题，基层政府要正确处理与网络监督的关系，充分利用现有的各种网络平台，及时收集和反馈信息，对参与主体执行协同任务的情况进行检查督促，也可以利用新媒体及时同步农村生态环境协同治理状况，确保监督者与被监督者的良性互动。

第四章　新时代农村生态环境治理法治化的路径

第一节　推进农村生态环境治理法治化的原则

农村生态环境治理法治化是农村生态环境治理的必然选择。当前，需要站在历史和现实的高度，以农村生态环境治理法治化评价指标体系为依托，从路径规划、路径选择、推进机制等方面做好系统建构，大力推进农村生态环境治理法治化建设。推进农村生态环境治理法治化，需要遵循一定的原则。要关注农村生态环境治理的历史和现实，立足农村生态环境治理法治化建设的全局和整体，切实推进农村生态环境治理法治化。

一、重视历史经验

在现代化进程中，我国农村的生态环境发生了巨大变化。在制度建设方面，为推进农村生态环境法治化积累了宝贵经验。出于对制度作用的重视，我国相继出台了《中华人民共和国森林法》《中华人民共和国草原法》以及《中华人民共和国环境保护法》，并将人口、资源、环境等方面的工作纳入了法治的轨道，不断健全国土空间开发、资源节约、生态环境保护的体制机制。一言以蔽之，从我国第一个环境保护文件《关于保护和改善环境的若干规定》的出台，到《中华人民共和国水污染防治法》《中华人民共和国农业法》《中华人民共和国土地管理法》《中华人民共和国大气污染防治法》等法律法规的建立和完善，再到致力于加快建立生态文明制度建设，我国农村生态环境治理逐步走上了法治轨道。历史就是最好的老师，在农村生态环境治理法治化的过程中，必须继承好的理念和成功的举措，并根据实际情况进行及时调整。

二、重视解决现实问题

要在解决农村生态环境的现实问题中推进农村生态环境治理法治化。当前，农村生态环境治理主要面临着以下几个问题。

1. 农村生态环保意识不强

无论是农业生产者、工业生产者、从事农村旅游业的劳动者，还是农村居民，其薄弱的生态环境保护意识非常不利于在实践中保护生态环境。

2. 农村生态环境被破坏严重

拥有美好的生态环境是农村生态环境治理的目标，但是，部分农村的生态环境遭到破坏，恢复到原有水平需要较长的时间。加之新的污染和破坏不断出现，给农村生态环境治理带来了更为艰巨的任务。

3. 农村的发展呈现出单一化倾向

需要从当地农村不同的资源禀赋和实际情况出发，而不是盲目复制其他农村的发展模式。农村面貌趋于单一、农村发展方向单一、农民出路单一，都会限制农村生态环境治理的进程和水平。从法治视域来看，当前农村生态环境法治建设存在着两方面不足。

（1）治理体系不健全

长期以来，我国农村生态环境保护缺乏有针对性的制度。一些比较具有实用性的制度，由于未能得到很好的执行，也使得制度实效大打折扣。

（2）法治能力不强

法治能力不强主要表现为各个治理主体的法治意识欠缺、法治水平不高。明晰当前存在的实际问题，才能在短时间内集中有限的人力、物力和财力有针对性地解决，最大限度地为农村生态环境治理法治化扫清发展中的障碍。问题确实存在，但对待现存问题不应该具有畏难情绪，而应该以解决问题为动力，通过有效的举措和路径打通前进之路。同时，新的问题可能还会随时发生，要以积极的态度予以防范和应对。只有立足现实，积极发现并解决问题，才能更好地推动农村生态环境治理法治化向前发展。

三、协同推进农村生态环境治理法治化

法治化是农村生态环境治理的方向，但在农村生态环境治理问题上，生态

环境法治必须与其他要素配合，法治必须与其他治理方式协同。理论上，农村生态环境是一个多因子的生态系统，包括政治、经济、文化、社会等方面。在这个生态系统中，任何一个因子都具有不可忽视的重要作用。法治与政治、经济、文化、社会各个要素必须协调配合。唯有整个生态系统中各个因子的功能和关系相互协同配合，才能促进整个系统的健康发展。具体言之，农村生态环境治理法治化不是简单的环境法治，而是要在推进现代化的过程中对生态环境予以特别关注。此外，还涉及法治与绿色发展的关系、法治与人治的关系、法治与德治的关系、法治与社会变革的关系。只有处理好方方面面的关系，才能切实有效地推进农村生态环境治理法治化，从而提升农村生态环境质量。

四、坚持城乡联动

乡村和城镇都是我国这个大生态系统下的小系统，两者健康、良性循环才能维持正常的“物质变换”，才能有利于维护人民的根本利益。大的生态系统值得注意的是，农村生态问题的形成并不是单纯因为农村自身发展而造成的，还源于城市的不科学发展及其相伴生的污染转移。在城市发展过程中，工业废水废气向农村扩散、城市污染企业以及城市垃圾向农村转移、城市居民到农村旅游后留下的大量垃圾等现象，都给农村生态环境带来严重威胁。乡村是城市的精神家园，是城市的发展基地，没有美丽的乡村，城市发展就成为无本之木，失去了广博的生态空间。在我国这个大系统中，城乡必须相互扶持和保护。因此，推动农村生态环境治理法治化，要坚持城乡联动，统筹城乡发展，建立健全城乡生态环境保护资金流转、技术转移、人才交流制度，实行城乡污水共治、城乡垃圾共治、城乡土壤污染共治和大气环境共治。在推进农村生态环境治理法治化的过程中，尽管城乡在一些具体问题的防范和解决方面需要有针对性和特殊性，但由于农村与城市在整个生态系统内存在生态关联性，因此必须坚持城乡联动，这样才能为推动农村生态环境治理法治化提供最大的支持力。

第二节　农村生态环境治理法治化基本路径

从农村生态环境治理法治化的衡量指标看，农村生态环境法治是最核心的显性指标，直接反映着农村生态环境治理法治化的程度和水平。推进农村生态环境法治建设，必须以解决农村生态环境问题为立足点。当前，农村生态环境问题主要体现为资源短缺、环境破坏和生态失衡，应该以法治为方向，解决好这些现实的生态环境问题。这是推进农村生态环境治理法治化的基本路径。

一、节约资源

资源浪费会导致资源紧缺和生态环境破坏，要通过法治推进资源节约，切实解决农村生态环境问题。在现代化建设的新时期，面对资源环境约束趋紧的严峻形势，要坚持科学立法、严格执法、公正司法、全民守法，通过法治带动全社会形成节约资源的风尚，提升农村生态环境治理实效。

（一）节约水、土、林木等重要资源

水、土、林木等是现代化的重要资源，在生态环境保护方面也发挥着重要的生态系统服务功能。在节约用水方面，政府要以《中华人民共和国水法》等为依据，采取适当措施，结合农村实际情况制定相应制度规范，大力推行节约用水等政策措施。如明确单位和个人的节水义务，强化节水管理；通过集中供水，改变当前农村用水难、水质差的状况，并根据各地农村实际情况实行用水收费，奖励在节约用水方面做出突出成绩的单位和个人，使受奖者能够引领其他单位和个人共同节水；大力推广节约用水新技术、新工艺，促进农业、工业和服务业依靠科技降低水资源成本，从而起到节水效果。此外，还要通过有效措施，保护植被，涵养水源，避免因水土流失和水体污染导致的水资源浪费。在节约用地方面，要做好土地利用空间规划，对农村土地的使用情况进行网上实时监测。在节约林木资源方面，要做好集体林权改革，对林业资源进行市场化定价，并按照林木生长规律进行开采和利用。要实行有利于节约资源和环境保护的产业政策，限制发展高消耗、高污染行业，发展节能环保型产业。合理调整产业结构、企业结构、产品结构，降低单位产值和单位产品资源消耗。法治不仅可以有效解决资源浪费问题，切实节约我国资源，也能使农村生态环境治理法治化具有更为具体的指向性和意义。

（二）废旧物品回收和利用

废旧物品是可利用的资源。中华人民共和国成立之初，我国为节约资源而

发动全社会进行废旧物品回收利用运动，积累了一定的经验。例如，采取宣传、竞赛、定额等手段，积极发动群众、动员社会力量进行废品回收。在法治的引领下，新时期的废旧物品回收和利用应该具有新发展。

1. 回收理念更新

公民应当增强环境保护意识，采取低碳、节俭的生活方式，自觉履行环境保护义务。废品回收不仅仅是为了节约生产成本，更重要的是为了保护生态环境。大量可循环利用的废旧物品闲置，不仅浪费资源，更增加了农村生态环境的承载负担，造成了环境的污染和生态的破坏。从这个角度来说，废旧物品回收利用程度越高，越有利于农村生态环境的改善。

2. 拓展回收利用领域

政府要以节约资源保护环境为出发点，做好农村生活废弃物的处置工作，扩展回收利用领域。可以制订废弃物回收规划，实施废弃物分类安放、统一收购、统一处理。废品回收后不仅可用于生产领域，还可用于消费等领域。例如，废弃的书籍、打印后的纸张，可以用来进行书画练习、手工创意等，经过多次反复利用后再重新进入生产领域，这样就可以提高废旧物品的利用率。

3. 回收手段创新

可按照废物回收效果和程度来竞赛。例如，任何单位或者个人，对于废旧物品的收集，都应该进行分类处理，以便于分类利用。在回收的过程中，积极带动他人或其他群体，共同致力于回收活动。对于社会普遍认可的单位和个人，要给予充分肯定和表扬。在废旧物品回收利用过程中，各级人民政府要依据法律法规，统筹城乡废弃物回收，将危险废物集中处置，采取更为先进的手段，保证生态安全。

（三）积极开发利用可再生能源

《中华人民共和国节约能源法》第七条规定：国家鼓励、支持开发和利用新能源、可再生能源。可再生能源是指包括太阳能、风能、地热能等在内的能源。与石油、煤炭、天然气等常规能源相比，可再生能源具有可再生性和清洁性。可再生性能为进行现代化建设节约大量不可再生资源，而清洁性则有利于生态环境保护。

早在中华人民共和国成立之初，为节约农村能源，我国就积极开发和利用沼气。此外，风能、太阳能也可用于制造风力发电机、太阳灶、太阳房等。政府在推进农村生态环境治理法治过程中，应立足节能和环保，在原有基础上继续开发和利用沼气、太阳能、风能，也要积极研究开发和利用水能、地热能等非化石能源。县级以上地方人民政府要制定可再生能源开发利用规划，建立和发展可再生能源市场；鼓励各种所有制经济主体参与可再生能源的开发利用，依法保护可再生能源开发利用者的合法权益，对农村地区的可再生能源利用项目提供财政支持；同时，考虑到农村各地的实际，应因地制宜地推广应用沼气等生物质资源转化、户用太阳能、小型风能、小型水能等技术。在开发和利用新能源的过程中，既要看到新能源的清洁优势，又要注意可能存在的风险；要出台新能源风险防范措施，及时防范并处理农村新能源开发和利用过程中可能产生或已经出现的生态安全问题。

（四）大力提倡非物质化

非物质化是指逐步减少物质材料使用的过程，非物质化可以最大限度地节约资源。以经济发展为例，要不断优化产业结构，通过税收、财政等鼓励发展以生态环保为基点的第三产业，从整体上减少物质的消费。在具体的产业发展过程中，各主体应该依据《中华人民共和国清洁生产促进法》，逐步减少原材料在生产的过程中的投入，并提高原材料使用效益；要尽量避免或者减少消费过程中和消费后的废物产生量，并提高各种废弃物的再次使用率。

在非物质化目标的指导下，通过科学设计和规划产品品种及规格，通过各种措施和制度保证产品质量，提高产品的耐用率以减少资源消耗总量，减少产品中的有害物质对环境的污染和破坏，减少大量废弃物，以减轻环境承载力。非物质化不仅涉及经济领域，也涉及政治领域、社会领域和文化领域的理念与实践。无纸化办公、低碳消费、适度消费，种种非物质化措施，都能充分反映出全体人民对美好生态环境的需求，也是农村生态环境治理过程中节约资源的重要路径。

二、环境保护

环境破坏是严重的生态环境问题。农村生态环境治理成效的指标是包括水、土和大气生态环境在内的生态环境质量。在推进农村生态环境法治建设的过程中，要针对人的生产和生活实践采取多种有效措施，积极预防环境破坏，不断加大农村生态环境保护力度。

（一）加强乡镇企业治理

自20世纪90年代以来，农村的乡镇企业发展迅速。虽然乡镇企业时至今日是农村经济发展的重要支柱，但其对农村生态环境造成的污染也不容忽视。

1. 使环境影响评价成为乡镇企业发展的衡量标准

不少乡镇企业的技术进步程度较低，存在着投入大、产出少、污染严重的现象，对其进行环境影响评价能够有效避免其对农村造成环境污染和生态破坏。例如，一些乡镇采矿业在施工之前缺乏必要的环境保护规划，在施工过程中也缺乏相应的环保措施，不仅造成了矿产资源的浪费，也导致了农村水土流失严重和水污染。还有一些高污染企业，其运行给农村生态环境带来的污染和破坏极其严重，如果事前进行环境影响评价，则可以避免诸多严重后果出现。因此，在农村进行各种开发和建设的企业，都应该基于当地农村的环境资源状况分析其可能带来的影响和风险，依法进行环境影响评价，不符合国家和农村环境保护标准的不能投入运行。

2. 继续坚持“三同时”制度

“三同时”是指建设项目中的防治污染设施必须与主体工程同时设计、同时施工、同时投产使用。企业在投入运行的同时，必须做好防治污染的准备措施，严格控制有害物质的排放。在实际运行过程中，企业如果不能坚持“三同时”，就会给农村生态环境带来严重影响。例如，一些小造纸厂在生产过程中没有做到集约化生产，也没有进行污水处理，水耗量和原木耗量非常大，其所排放的污水直接流入河流湖泊；一些瓷窑厂在生产过程中没有采取有效的除尘措施，加剧了空气污染。只有坚持污染防治设施在项目设计、施工与投产过程中做到“三同时”，才能使项目运行与环境保护设施运行实现同步。当然，为确保“三同时”

落到实处，要有各种配套的举措，保证乡镇企业做到100%执行，才能真正提升农村生态环境质量。

3. 在重点地区严格控制高风险、高污染企业

农村地区不仅是保证我国粮食安全的基地，还是保证我国生态安全的防线。高风险、高污染企业即使经过环境影响评价，也采取了一定的防范措施，仍有可能存在很多未能预见的风险和潜在风险。在粮食主产区、生态涵养区等重点地区，要通过严格的制度和严密的法治，控制高风险、高污染企业投入运行。总之，要做到源头防范、过程监督、结果处理，将各个环节有效连接起来，避免农村生态环境受到破坏。

（二）加强农业治理

农业不仅是农村经济发展的重要支柱产业，还具有重要的生态环境保护功能，加强农业治理，对农村生态环境保护十分重要。

1. 禁止高毒、高残留农药使用

为保护农村生态环境，高毒、高残留农药必须退出农业生产过程。为此，在生产源头上可以通过制度禁止高毒、高残留农药生产。例如，停止甲胺磷、对硫磷、甲基对硫磷、久效磷、磷胺等多种高毒、高残留农药的受理登记，撤销高毒、高残留农药应用于果树的登记等。同时，通过各种举措帮助农业生产者增强土地肥力及治理虫害，以减少农业生产中对高毒、高残留农药的需求。对于违法生产、销售和使用高毒、高残留农药的行为，要依法严惩。

2. 科学合理施肥

保护农村生态环境，要在农业生产过程中科学合理施肥。通过供给侧结构性改革，大力倡导绿色环保肥料的生产、销售；在施用过程中，可以进行测土配方施肥，不断提高肥料利用率，从而减少肥料流失所造成的环境污染。科学合理施肥既离不开制度的保障和技术的支撑，更离不开对实际需求的考量。因此，法治必须结合农业生产实际、农民需求实际，各种举措才能落到实处。

3. 注重农业衍生物回收利用

农业衍生物包括作物秸秆、塑料薄膜等。当前，秸秆燃烧已经成为农村空气污染的重要来源，因此要特别重视农作物秸秆的回收利用。通过罚款、劝说等手段对秸秆燃烧采取单方面的禁止不是解决问题的根本之道，还需要将法治和绿色发展结合起来。众所周知，秸秆可以成为牲畜饲料，可以成为肥料资源，还可以生产沼气。因此，要基于农村发展的实际需求，通过制度保障和技术支撑，使秸秆在这些方面发挥功效。此外，对于农业生产过程中的其他污染源，如农用薄膜、农药瓶等，也要进行有效的回收利用和处置，防止其对农村生态环境造成破坏。

（三）加强农村禽畜养殖业污染治理

禽畜养殖业是农村发展的重要支柱，但同时，养殖过程中的禽畜粪便不合理排放问题也是农村水、土和空气污染的重要来源。推进农村生态环境治理、保护农村生态环境，就要重视农村禽畜养殖业的污染治理。从治理对象上来说，其不仅包含禽畜养殖场和养殖企业，农村养殖户也应被纳入治理范围。对于规模化经营的养殖业，政府应坚持预防为主，进行厂址选择评估、排放总量控制、排放过程监测，对废弃物排放引起不当后果的要依法进行处理；对于散养禽畜的农户，则要进行政策宣传、提供技术帮助等手段，激励其回收利用禽畜粪便，并注意环境保护。

（四）加强农村旅游业治理

当前，旅游业在农村方兴未艾，也引发了很多生态环境问题，必须高度重视，并从多方面予以治理。

1. 对于旅游景点的开发要遵循自然原则

旅游景点的开发要遵循自然原则，政府应该出台政策鼓励农村依自然条件开发旅游，有丰富林果资源的可以开发林果旅游，有丰富沙资源的可以开发沙文化旅游，有丰富水资源的可以开发水文化旅游。对于未能做到因自然而为的农村旅游，要通过各种举措做到提前预防和及时治理；反对不遵从当地的实际状况而盲目开发、不能尊重自然规律而强行开发的行为。

2. 加强景区内部的环保配套设施供给

农村旅游最表面化的问题就是游客所经之处，无论是海滩、沙滩，抑或草原、林区，景区之内都会有饮料瓶、塑料袋、果皮纸屑等大量垃圾存留。这些问题的存在不仅是游客环保素质低造成的，还有服务设施不到位、环保配套设施供给不足的原因。小到垃圾桶，大到垃圾处理设施和体系，都是当前农村发展旅游业需要注意的问题。因此，政府要加强制度管理，奖励文明的行为，树立良好示范，并注意景区内部的环保配套设施供给，以满足民众的生态环境保护需求，使需求与供给实现有效联结。

3. 加强旅游景点周边环境保护

在一些农村地区，比较注重景区内的生态环境保护，而在景区外，尤其是销售特色产品或者提供住宿的地区，环境保护状况很差，存在着废弃物随意丢弃、废水横流等现象，这不仅严重影响景区整体环境，也成为农村生态环境的破坏点。因此，政府应出台政策加强旅游点周边环境保护，实现景区内外环境保护的联动。只有景点区和辐射区都在生态环境保护之列，才能对整个农村生态环境保护有利。

（五）加强农村人居环境治理

人居环境的好坏，体现的是居民在经济发展过程中对生态环境的保护程度，表征的是人与自然的关系。通过法治加强农村人居环境治理是非常重要的。

1. 进行村庄绿化

树木和草地对保护农村生态环境具有重要意义。对村庄进行绿化，是使农村拥有良好生态环境的基础性工作。政府可以制订相关村庄绿化规划，根据村庄实际面积和住户数量确定绿化面积：①确定每家每户的绿化面积，并禁止随意破坏；②鼓励村民自愿在房前屋后、村间空地以及农村公路两侧种植乔木、灌木以及草本植物等，以起到净化空气、涵养水源、美化村庄的作用；③出台政策保护益鸟，保护生物多样性，这样可以留住鸟类来捕捉害虫，从而减少或避免农药的使用。

2. 集中处理生活污水

农村生活污水随意弃撒不仅造成土壤硬化、污染严重、肥力下降等问题，也造成了水体污染、富营养化等水生态环境问题。而且，随着农村人口的增多，生活污水量更是与日俱增。为有效解决此问题，相关部门应建立健全污水集中处理制度，在农村集中兴建污水处理设施，派专人定期修检；通过地下污水管网将污水汇集到污水处理中心进行处理，从而避免生活污水对水土造成再次污染。

3. 集中处理生活垃圾

农村生活垃圾包括厨余垃圾、废旧衣物、废弃厕纸、电子产品等。目前，农村居民对生活垃圾的处理方式大多为焚烧，而焚烧过程会产生很多有毒气体，严重污染空气，并对人体造成很大损害。为此，政府可以通过宣传和教育，呼吁村民实行垃圾分类处理堆放，并按照要求分散到不同处理地点处理。例如，对于人畜粪便，要集中收集到指定地点进行堆肥或者生产沼气；对于废旧衣物，要集中到农村指定回收利用点并专门予以收集、利用。只有增强农村居民的节约、环保意识并依法对各种生活垃圾进行集中处理，才能够避免居民随意焚烧、掩埋等不当处理方式，并提高垃圾处理的无害化程度。

（六）加强农村城镇化治理

城镇化是农村现代化发展的重要方向，在农村生态环境保护中占有重要地位。依法对农村城镇化进行治理，是农村生态环境治理法治化的基础性路径。

1. 为城镇化发展寻求特色产业依托

产业发展是城镇化的经济支柱，政府要依托当地自然条件支持发展特色产业，为居民就业、生态可持续发展提供有效通道。有了特色产业作为支撑，农村城镇化发展就具备了坚实的经济基础。

2. 城镇化与环境保护相协调

城镇化的生态含义就是环境美好的城镇化。为此，在城镇化过程中，政府应做好环境影响评价和环境保护规划，尽量避免大拆大建和快速拆建。这就需要尊重自然规律，在已有的条件基础上，依山之势、依水之力、依现有的村庄布局进行完善，尽量避免农村已有建筑和设施的全盘推倒和全面弃置；在建筑修建和完善过程中，则要注重节约能源、延长建筑和设施使用年限，并提供相应的环境保护配套设施。

3. 避免农村居民的不当行为

人的城镇化是城镇化的意义所在，也是农村生态环境保护的重要推动力。针对城镇化过程中农村居民的种种不当行为，要通过宣传和教育等方式，强化农村居民生态环境保护意识。要对一些农村居民“为拆迁而建房”的行为进行有效引导和规范。对于一些农村居民为了获得高昂拆迁费而大兴土木的做法，要从政策上做好设计和宣传，通过高科技手段及早、及时、全面做好农村居民住房情况的前期调研工作，并一一记录在案；对于政策宣传后、调研后仍然兴建房屋建筑的，要视具体情况予以处理。绝对不能“一刀切”，仅根据居民房屋面积多少来予以拆迁补偿，将会助长不良兴建之风，不仅浪费资源，也污染环境。

三、生态修复

生态失衡是严峻的农村生态环境问题。农村生态环境法治化要解决生态失衡问题，在生态修复的过程中推进法治治理，进而促进自然生态系统实现自我修复，借助自然界自身之力提升农村生态环境质量。

（一）推行土地休养生息

土地是农业发展的重要资源，也是构成农村生态环境的重要自然因子。面对土地污染严重、优质耕地逐年减少等问题，政府应推行土地休养生息制度。土地休养生息制度，有利于土壤生态修复，进而提升农村生态环境质量。

1. 实行耕地轮作休耕

由于片面追求粮食增产增收，农村耕地长期超负荷运转。这不仅导致耕地肥力下降、生态失衡，也不利于粮食的可持续生产。为此，应推广实行耕地轮作休耕制度，即依据自然规律，使耕地定期更换一种“工作状态”，在耕种某种粮食作物与其他粮食作物之间、耕作粮食作物与种植其他绿色植物之间形成适度更替，使此种“工作状态”与彼种“工作状态”交替轮换、良性循环。

2. **耕地临时退耕**

长期的不合理耕作方式导致一些耕地严重退化、污染严重。为此，政府应实行耕地临时退耕制度，在一些不适合耕作的农耕区，如重金属严重污染区、坡度超过25°区、严重荒漠化地区，推行还林还草，使之暂时退出耕作状态，从而为更好地进入耕作状态积蓄力量。在此过程中，要依据相关制度规范对农民进行合理的生态补偿，保证农民的经济权益不受损害。

3. **退牧还草**

在一些农村牧区，各种荒漠化现象比较明显，生态环境遭到极大破坏。政府要通过宣传等手段使牧民明白退牧还草是为了更好地发展牧业，得到牧民的支持；在此基础上，对于水土流失严重、植被覆盖低的牧区要坚决实行还草退牧制度；在行政执法过程中要充分考虑牧民的实际，要为畜牧业发展提供替代性保证，为提高牧民的生产生活水平提供政策支持。

（二）加强农村水利建设

在符合生态规律和农业发展规律的前提下，兴修水利建设不仅成为生态修复的重要举措，还可以保证农业增产。在农村兴修水利工程，应该做好环评规划，依据自然条件使其与江河湖泊等形成良好连接，保证水系畅通、排蓄兼顾、调控自如。以农村水利为依托，还要注重生态灌区建设。与传统灌区不同，生态灌区遵循人与自然和谐发展理念，注重灌区系统内部的生态平衡，注重水资源节约利用和水文化发展，是具有极强生态服务功能的灌区形态，能够涵养水源、净化水质、保持水土、调节气候、维系生物多样性，对农村生态修复具有重要作用。

（三）推进农村水体休养生息

当前，农村水污染严重、水生态系统失衡，为了修复水生态，要积极依托自然界自我修复和发展的力量，推进农村水体休养生息。

第一，要为水域生态平衡划定红线。超过生态红线的水域，实行农村产业的部分退出或者整体退出。农村水体恢复正常标准后，要严格执行产业环评和污染防控，以防水体再次遭到破坏。

第二，要实行多样化水产养殖。长期养殖一种水产品会令水生态营养失衡或者水生物多样性减少。要按照生态学原理，做好多样化养殖规划，通过水生食物链实现水体净化。

第三，要加强农村湿地建设。湿地可以处理污水、调节水生态、改善水环境，为农村生态环境保护提供“肾脏”功能。要做好前期调研准备工作，充分考虑民众意愿，依法实施湿地建设，避免湿地建设半途而废或者有始无终。

（四）加强农业气象服务和农村气象灾害防御建设

农业气象服务体系和农村气象灾害防御体系建设对于农村生态环境保护十分重要，是有力的生态防御措施。建设气象服务体系与气象灾害防御体系，可以提前预防洪水、台风、冰雹、泥石流、高温以及雾霾等对农村生态环境造成的破坏，也可以最大限度地减少生态破坏。农村当地的气象主管机构所属的气象台（站）应当按照职责发布公众气象预报和灾害性天气警报，并根据天气变化情况及时补充或者订正。为保证气象预警的科学和真实性，其他任何组织或者个人不得向社会发布公众气象预报和灾害性天气警报。

第三节　农村生态环境治理法治化保障路径

一、发展生态文化

生态文化是倡导人与自然和谐相处的文化。在推进农村生态环境治理法治化过程中，通过法治引领，提升生态文化水平，能够为农村生态环境治理提供坚实的思想文化保障。生态文化与生态环境法治协同，实现“德治”与“法治”相结合，是农村生态环境治理方式的最佳组合。

（一）加强生态文化教育

人的生态文化素质不是与生命相伴生的，而是需要通过教育进行后天培育的。从人的生命发展轨迹来看，家庭、教育、社会，是生态文化教育的重要场域。

1. 重视家庭培育

每个生命诞生伊始都会面对属于自己的家庭，每个人的成长也离不开家庭。

加强生态文化教育首先要重视家庭的作用，充分发挥家庭在生态文化教育方面的强大正面功能，重视生态文化在亲人间、代际间的传递。这就需要通过新媒体与传统媒体协同宣传家风的重要作用，定期（如植树节、劳动节、生态环境保护日等）组织家风传承的家庭活动并形成制度。活动内容可以包括：父母为孩子讲一个关于农村生态环境保护的故事、家庭成员共同创造“绿色我家”、开展资源节约型家庭与环境友好型家庭的评比等。在日常生活中以小见大、潜移默化地形成生态环境保护的家风，进而影响每个个体日后的生产和生活实践。在科学合理利用自然资源、积极保护生态环境方面，每个家庭都能发挥自己的家族或者家庭优势，形成世代传承的家风，这对于生态文化的培育与传承十分有利。

2. 重视学校教育

除了家庭，每个个体都将在学校度过一段关键时光。因此，学校在生态文化教育问题上更是责无旁贷。政府应通过目标定位、课程调整等手段，使小学、初中、高中、大学的生态文化教育形成阶段性、持续性、渐进性的教育链条；通过加大师资培养力度、鼓励教学方法创新等政策，筑牢学生的生态环保意识、科学发展意识、绿色消费意识；通过有计划、有组织地使学生进行各种社会实践活动，实现理论与现实的对接，实现家庭教育与学校教育的对接，切实提升生态文化教育的效果和水平。

3. 重视社会教育

学校教育是家庭教育与社会教育对接的中介点，每个学生离开学校后都要走向社会，在各个岗位中成为生态环境治理和保护的实践者和推动者。为此，要在全社会营造起生态文化素质教育氛围，可以在农村地区兴建图书馆，由政府出资或者志愿捐赠等方式购置生态文化书籍，并有计划、有步骤地组织全民进行阅读、交流与探讨；还可以借助网络平台，发挥新媒体的即时性、全覆盖优势，随时随地地进行生态文化教育。在一些企事业单位，则要通过政策支持、物质和精神嘉奖等方式，激励每个从业者不断积淀生态文化底蕴、不断提升生态环境保护能力，在实践中为农村生态环境治理和保护提供智力支持和优质服务。

（二）注重生态文化供给

为满足生态文化的有效需求，为农村生态环境治理提供精神动力支撑，需要注重生态文化供给。

1. 生态文化产品供给

当前我国文化产品数量众多，但从产品结构上来说，以中低端文化产品居多，而高品质的、有利于农村生态环境保护的产品则较少。这不仅不利于满足农村居民的生态文化消费需求，不利于农村居民从消费角度践行绿色消费，也不利于其从实践环节支持农村生态环境治理。解决日益严峻的农村生态环境问题，需要通过供给侧结构性改革，使供给与需求有效联结，生产出与消费实际需求相符的生态文化产品；通过制度管控从生产源头上控制低端、庸俗、不利于生态环境保护的文化产品的生产，激励生产出生态、环保、高质量的生态文化书籍、生态文化工艺品、生态文化影视作品等。

2. 生态文化服务设施和服务体系供给

任何有效的产品供给的背后都离不开一套完整的服务供给体系和设施。为了满足生态文化产品的有效供给，必须注重供给设施建设和供给体系服务。为此，政府要出台政策，加大资金支持、技术支持和人才支持力度，针对农村各地的实际情况，充分利用当地的特色资源，加强图书馆、博物馆、文化馆、自然保护区等生态文化服务基础设施建设。在有条件的地方，可以兴建生态文化产业园区，通过研发、生产和消费一体化，形成完整的生态文化产品供给链条，并为其他地区的生态文化供给提供可供借鉴的经验与示范。

要将生态文化供给空间由有形扩大到无形，注重互联网的生态文化供给作用。当前，我国网民数量已经居于世界首位，农村网民数量更是与日俱增。网络不仅具有通信和社交的功能，更是提供生态文化产品和服务的重要平台。在供给服务方面，作为无形空间的网络，不仅能够实现供给的快捷和便利，更能够突破有形空间的时空局限，为地域广阔且星罗棋布的农村地区提供即时性服务。政府应按照循序渐进的思路，做好农村互联互通规划，做好资金筹集工作，做好信息技术支撑，推进农村互联网建设。有了互联网，生态文化的宣传和普及不仅有了更广阔的平台，也有了更广泛的传播主体。在互联网空间中，每个人都是生态文化的接受者，也是传承者。在互联网空间中，家庭、社会和学校也能够互联互通，为发展生态文化形成凝聚力和发散力。为了更好地提供生态文化产品和服务，需要以民众的生态文化需求为着眼点，不断与时俱进地开拓思路、创新服务模式，而这就需要注重生态文化服务体系评价工作，并从服务的深度、广度和有效程度几个方面予以衡量，为后期的服务奠定基础。

（三）注重生态文化交流

在一个开放而又循环的生态环境中，没有任何一个文化幼苗能够独立成长为参天大树。同样，只有不断与外界进行信息互换并汲取养分，农村生态文化才能发展壮大。

1. 拓宽生态文化交流场域

拓宽生态文化交流场域不仅要注重本国内部交流，更要注重国家间的交流。就国内生态文化交流而言，主要包括农村内部、村与村之间、农村与城市之间的交流；就国际生态文化交流而言，主要包括与国际生态环保组织、国际友人、跨国公司、各国政府之间的交流。

2. 拓宽生态文化交流平台

拓宽生态文化交流平台可以从以下两方面入手。

第一，要利用书籍、报纸等传统媒体进行交流。经过多年的沉淀，传统媒体已经形成了较为成熟的交流机制，在交流内容、交流质量上更具有可信度与知名度。无论是对内还是对外，生态文化交流都需要借助主流的、大众认可的传统媒体。

第二，要利用智能手机、数字互动电视、楼宇电视、车载移动电视等新媒体进行生态文化交流。新媒体具有即时性、交互性、数字化等特点，在生态文化交流方面具有传统媒体不可替代的优势。当前，无论是网络空间中的微博、QQ，智能手机中的微信，还是数字互动电视中的栏目点播，都已经成为信息扩散与交流的主要平台，也必然为生态文化交流发挥重要作用。

3. 发展多样化的生态文化交流方式

交流方式是否多样，在很大程度上影响生态文化交流的实效。在国内交流领域，要形成常规交流机制。例如，利用电视媒体对农村生态文化进行日常宣传，利用网络进行最美乡村评选、乡村生态旅游节目展播等。除了媒体，还要通过组织实地考察、参观学习、乡村旅游等活动，实现农村生态文化在个人与个人之间、个人与群体之间、群体与群体之间的直接交流，并在直接交流之后通过各种平台实现对其他群体和个人的辐射和影响，进而实现农村生态文化的间接交流。在国际生态文化交流领域，则要从典型交流逐渐向常规交流扩展。如可以借助对外开放的机会，举办生态文化画展和艺术展，从国内外不同流派和不同风格的艺术作品中了解和学习生态环境信息，为我国农村的生态文化发展吸收新鲜血液；可以定期与其他国家共同举办生态文化年和生态艺术节、音乐节，通过舞蹈、音乐、话剧等艺术形式与国外名家、艺术团体展开生态文化交流，在发展农村生态文化中做到取长补短，砥砺前行；此外，政府还可以通过出台政策鼓励农村居民（集体或个人）、生态环境保护团体、生态环境保护从业人员、艺术团体以及相关企业等到国外进行旅游、学习、演出、参观、考察，积极汲取有益于发展农村生态文化的元素，充实壮大农村生态文化的影响力和生命力，为农村生态环境法治积攒正能量。

二、发展生态经济

生态经济是经济与生态环境协同发展的经济，其走的是一条“绿色发展”之路。发展生态经济的过程，也就是农村生态环境治理法治化的过程。生态经济与生态环境法治协同，将“绿色发展”与“法治”结合起来，能够实现经济发展与环境保护双赢。

（一）节约自然成本

在传统的经济发展过程中，几乎没有考虑到自然成本，必然带来极大的资源消耗和环境破坏。水资源浪费与水环境污染、水资源紧缺相伴生，土地资源浪费与土壤环境污染、土地资源紧缺相交织，森林资源浪费与水土流失、森林资源紧缺共存，种种生态环境问题不断涌现并日趋严重。这足以表明，以往经济发展过程中的自然成本极高。

为节约自然成本，应该通过政策宣传和宏观调控，使生产企业和个人意识到这种高成本的副作用。

第一，按需上调不可再生资源的价格。生产者必须认识到，自然界的不可再生资源日趋紧缺，这必将导致资源价格的上涨，发展经济必须节约自然成本。通过法治的约束，生产者必须坚持源头减量，将节约水、土、电、矿产等自然成本的关键点放在生产端；在生产的过程端，形成循环发展的路径，综合利用每一滴能源；在充分保证生产端和过程端节约资源成本之后，则要考虑废弃物的回收和利用。在生产的各个环节做到节约自然成本，既符合生产者自身的经济利益需要，又能避免资源浪费带来的环境污染问题。

第二，提高生态产品质量标准。生产者必须意识到，受到污染的环境会致使自然界可供使用的优质资源日渐减少，这将直接导致企业生产出的产品质量下降。为了生产出优质产品以赢得市场、企业必须节约优质资源并主动寻求替代品。同时，企业提高了产品质量，也必然能够延长产品使用寿命，使产品能够重复多次长期利用，这也是一种自然成本的节约。

第三，加强对生产者排污的监管。提高环境质量要求、加强排污监管，会敦促企业节约。因为投入的资源越少，污染物的排放量也会随之减少，从而减少治理污染带来的成本。

第四，政府可以出台政策，鼓励技术创新。无论是资源的源头减量还是过程节约，抑或是废弃物的回收和利用，都离不开技术。政府应出台制度，鼓励市场根据实际需求自主研发技术，并为技术的使用和推广创造良好条件。总之，通过各种举措促进节约自然成本，才能极大提高农村人均收入，提升农村生态经济发展水平。

（二）优化产业结构

合理的产业结构能够改变资源高消耗状态，对农村生态环境保护起到促进作用。

1. 适当提高第三产业比重

根据发达国家经济发展经验，优化农村产业结构，要在第一、第二产业健康发展的条件下，适当提高第三产业比重。产业结构优化并不能单纯以产业的比重来衡量，而要在合理的前提下，注重产业的发展质量。为此，要因地制宜地出台产业发展规划。在不同的农村地区，宜农则以农为主、宜工则以工为主、宜商则以商业为主，要根据各地农村的实际情况推动第三产业健康发展、适当地提高第三产业比重；在第三产业内部，也要遵循适宜性原则，宜发展旅游则重点发展旅游、宜发展物流则重点发展物流、宜发展教育则重点发展教育，并在重点发展某一方面的同时实现与其他方面的协调。总之，切不可脱离地方资源禀赋和特点贸然地提升第三产业比重，也不可盲目模仿照搬其他地区的发展模式。否则，将无法保证经济发展质量，会导致浪费更多的资源、对农村生态环境造成更大的破坏。

2. 促进多产业融合

优化产业结构，要在适宜的基础上，促进农村多产业融合发展。当前多数农村地区产业发展单一，或是单纯以种植业为主，或是单纯以养殖业为主，或是单纯发展工业或者旅游业。单一的产业结构既不利于形成经济循环发展的产业链条，也不利于农村生态环境保护。基于此，要制定多产业融合规划，不断优化农村产业结构。在宜农区域鼓励以农为主，实现种植业、养殖业、加工业、旅游业的融合发展；在宜工区域鼓励以工为主，将一些有高度相关性的企业和产业联系起来，实现企业之间和产业之间资源循环利用；在宜旅游区域鼓励通过旅游业，带动交通、物流、房产、餐饮、购物、通信等多产业融合发展。通过推行多产业融合发展，可以促使资源利用形成更大的循环，节约自然成本，获得经济和生态的双重收益。更为重要的是，多产业融合避免了农村发展道路的单一性，也可以促进农村居民多元化发展，从而为农村生态环境治理储备多元化人才。

3. 大力发展绿色环保产业

环保产业以保护环境、节约资源为特性，具有跨产业、跨区域的特点，可以作为优化农村产业结构的关键点。政府应通过税收、财政等政策，鼓励扶持绿色环保产业的发展；支持绿色环保产业发挥自身优势，带动各个产业实现有效互动，促使农村特色产业和多产业融合在发展道路上更绿色、更节能环保；同时，为绿色环保产业能够在市场上有序竞争创造公平公正的市场环境，使其能够合法为农村生态环境治理提供各种设施和服务，形成新的农村生态环境治理业态和模式。

（三）发展生态科技

为了谋求自身更好地生存和发展，人类需要改造自然，科学技术就是人类改造自然的工具。在利用和改造自然的过程中，能够遵循自然规律、有利于人与自然和谐发展的科学技术，就可以称为生态科技；反之，单纯地为满足人的物质贪欲和经济利益，对自然环境保护无益的技术，则是非生态的。

政府通过制订生态科技发展规划，发展有利于农村生态环境保护的科技。生态科技发展规划要体现三个立足，将经济发展与农村生态环境保护紧密联系起来。

1. 要立足节约自然成本发展生态科技

自然界能够为现代化生产和生活提供各种各样的资源作为原材料，但资源有限，不能无限制地提供。因此，发展生态科技，首先要倡导发展能够节约自然成本的科技。例如，种植业要凭借生态技术培育优质或特效种子、实施套种或间种栽培、进行测土配方施肥、改善灌溉方式，在节地、节水、节肥的前提下实现高产；工业生产要依托生态技术生产绿色产品，实行绿色工艺，做到资源节约、循环利用和减少排放。

2. 要立足优化产业结构发展生态科技

优化产业结构，能够最大限度地节约能源和保护农村生态环境。无论是多产业融合，还是发展绿色环保产业，都离不开生态科技。为此，发展生态科技要致力于促进产业结构优化。通过建立科学合理的生态技术发展规划，通过多方面的科技体系保障和支持，保证多产业高效融合，保证环保产品有效供给和环保服务体系有效运转。

3. 要立足消费需求发展生态科技

发展生态经济既要注重生产端，又要重视消费端，即要立足消费需求发展生态科技。很多情况下，并非农村居民绿色消费意识不强，而是绿色供给不足。例如，烟花爆竹消费在农村非常重要。每逢春节、元宵节、婚庆、店铺开张、房屋上梁等重要节日或重大时刻，农村居民都会大量燃放烟花爆竹。烟花爆竹燃放会对空气造成极强的污染，不利于生态环境保护。利用生态技术，改进鞭炮的成分，去除其污染之弊，保留其庆祝功能，则能起到更好的效果。同样，对于绿色环保农药和肥料的研发也是如此。为了改善地力、驱除虫害，农民对农药和肥料的需求很大。这就需要有针对性地研发高效、环保的农用品，以替代高毒高污染的化学用品，满足农民在生产方面的实际需求。总之，生态科技既是生态经济的推动力，也是农村生态环境治理的推动力。

三、发展生态法治

（一）推动农村生态环境法治建设

发展生态法治，需要大力推进农村生态环境法治建设。这是政府职责所在，也是农村生态环境治理法治化的必然要求。

1. 推动全民形成对法律的普遍信仰，为农村生态环境法治奠定思想基础

推行法治，首先要形成全民对法治的信仰。为此，要制定法治普及教育规划，加强法治教育，将法治教育纳入学校教育体系，增强民众法治意识。在农村生态环境治理进程之中，要用法治思维进行引领；在农村生态环境治理的各个方面，都要融入法治观念。法治信仰的形成需要从小抓起，从细微做起。从科学立法到全民守法，从依法执政到依法行政，全方位、多层面营造法治氛围。

2. 要完善相关法律制度，为农村生态环境法治建设奠定制度基础

真正的法治是良法善治，拥有良法则必须使法律体系彰显良法之精神。这就需要为农民的生存和发展提供有力保障，并且在完善法律的过程中坚持城乡公平、区域公平、代际公平。公共环境利益可以分为资源性环境利益和生态性环境利益，要不断完善农村资源节约和生态环境保护制度，包括耕地保护制度，节约用水制度，秸秆还田制度，畜禽粪便资源化制度，发展循环经济的制度，生活垃圾分类处理利用制度，农村大气、水和土壤的保护和修复制度，农村环境保护公共服务制度以及环境责任制度等。为保障各种制度的有效运行，还需践行群众路线，集思广益、不断创新制度运行的体制机制。

3. 要提升法治人员素质和能力，为农村生态环境法治奠定实践基础

法治人员是推进农村生态环境法治的主体力量，其法律素养的高低影响着法治的成效。可以制订法治人员培训专项计划，通过专业教育、技能培训、交流学

习等方式，提高法治人员在农村生态环境立法、执法、司法方面的素质和能力。同时，还可以对法治人员的专业素质进行常规性考核，通过技能大赛、资质审查、年终考核等方式，激励其提高素质和能力。

（二）重视公民参与农村生态环境治理

由于生态环境利益的公共性，发展生态法治必须重视公民参与。同时，必须走群众路线，坚持一切环境决策思想来源于人民群众，坚持一切环境决策都要到人民群众的实践中去接受检验。

公民参与农村生态环境治理是公民的权利，这需要政府出台相应的制度规范，真正落实公民参与环境政策，提升公民参与农村生态环境治理实效。

1. 为公民参与做好充分准备

首先，要根据具体的生态环境问题确定参与的主体。在需要较高的专业知识的环境标准制定方面，公民参与可以是小范围的，甚至可以仅包括具有较高知识水平的专家和团体；在具体的环境问题解决方面，如如何调动农村居民积极践行绿色消费、如何身体力行地保护农村生态环境，则要争取最广大的农村居民参与。对于涉及企业节能减排、提供绿色产品和服务供给问题，则需要争取各行各业代表参与。

其次，要为公民参与做好保障。这需要相关的信息公开，为公民参与做好信息准备；需要一定的技能培训，以形成高质量的参与；还需要参与方式多样化，如随机的电话咨询、问卷调查、网络论坛、公民听证、团体咨询等，以多样化的参与方式来满足不同参与群体或个人的实际需求，最大限度地获取有效信息、赢得不同参与者对政策的支持。在信息时代，网络参与可以大大降低参与成本，也可以突破时空局限，需要引起高度重视。

2. 将参与结果转化为具体实践

任何公民参与都是为了形成科学有效的农村生态环境治理决策，并将其付诸实践，因此，必须高度重视公民参与的结果，并将其内化于农村生态环境治理法治化实践之中。否则，公民参与就是无效的。真正有效的公民参与不仅与实施者的群众路线意识、执行素质和能力密切相关，也与相关部门的合作密切相关。坚持群众路线、具有高素质的实施者能够为公民参与做好充分的准备，而相关部门的高度配合也有助于公民参与结果的付诸实践。同时，真正有效的公民参与也需要农村生态环境治理主体能力的提升，尤其是农村居民在生态环境保护方面能力的提升。作为农村环境保护的主体力量，农村居民的参与程度和参与效果直接关系到农村生态环境治理法治化的程度。

四、发展生态社会

一般意义上，社会是人类社会的特指。人是社会的因子，社会是由人组成的。在农村生态环境问题产生的原因上，除了自然界自身的变化，更重要的原因是人的不当行为。人类对自然界的忽视甚至无视，才导致出现了种种破坏自然环境的行为，才有了建立在对自然的盘剥和倾轧基础之上的人对人的盘剥和倾轧。可以说，每个个体的言行举止、人与人之间的关系，实质上反映了人对自然的态度，反映了人与自然之间的关系。因此，发展生态社会，实际上是要发展具有生态意识和生态行为的人。通过法治引领，发展生态社会，就是要通过法律的约束改变人对自然的不当行为，改变人与人之间不和谐的关系，促进人与自然和谐共生。

（一）人与自然和谐共生

人是自然界的产物，人类社会就是自然的人化。处理好人与自然的关系，是人类社会永恒的主题。在原始社会，人对自然怀有高度的崇拜之情以及深深的敬畏。在农业社会，人对自然界的慷慨赠予充满感激，在朝作暮息式的改造自然的过程中一直保持着祭祀天地、尊重自然的传统。而自从进入工业社会，人对自然的态度发生了巨大的改变，随着科学技术的发展，自然迅速沦为人类积累物质财富和满足贪欲的牺牲品。在很多情况下，只有攫取没有奉献、只有破坏没有保护，自然界遭受到的破坏已经令整个社会震惊。

面对严峻的农村生态环境问题，面对农村生态环境遭受到的破坏，我们必须重新审视人与自然的关系，坚持人与自然和谐共生，这也是生态社会的命题中的应有之义。坚持人与自然和谐共生，应完善废品回收利用制度，降低废弃物的闲置率以减少农村生态环境污染和破坏；应制定农业节水制度，通过节水技术的研发及应用，控制农业用水总量，提升用水效率；应制定生物质能转化制度，提高农村沼气利用效能；应完善粪便堆肥制度，使农户能够运用清洁技术，高效堆肥；还要严防农业面源污染、严禁垃圾焚烧，实行土地轮作和自然生态修复。通过不断建立健全资源节约制度、污染防治制度、生态修复制度，构建资源节约型、环境友好型农村。

（二）大力培养“生态人”

人是生态社会发展的主体力量。无论是人与自然和谐共生，还是人与人和谐发展，都离不开人的努力与实践。与“经济人”不同，“生态人”崇尚人与自然之间的和谐，并能够在生产和消费的实践中促进人与人的和谐。为此，要大力培养“生态人”，尤其是生态农村居民，为发展农村生态社会提供人力支撑。

1. 培养生态专业人才

培养“生态人”要以学校为主要阵地，将生态环境保护教育纳入小学、初中和高中教育体系之中，把学生培养成合格的“生态人”，引导其成为农村生态环境保护的重要力量。鼓励有条件的高校开设环境保护专业，为农村生态环境治理法治化培养专业人才。

2. 培养生态家庭成员

培养“生态人”要注重家庭的作用，可以组织各种家庭活动来传承农村生态环境保护理念，如进行秸秆回收利用、禽畜粪便还田、生活垃圾源头减量和分类处理等农村生态环境治理实践。

3. 培养生态社会人才

培养“生态人”还需以社会为平台，一方面可以通过政策激励、资金扶持、税务减免等手段，激励企业的“经济人”升级为“生态人”；另一方面，可以为高校和科研院所、各企事业单位的环保从业人员创造良好的环境和条件，激励其不断提升自身环境素养和能力，为农村生态环境治理提供优质的创意、产品、技术和服务。农村居民成为“生态人”，农村生态环境治理法治化前景光明；全体“生态人”群策群力，农村优美生态环境未来可期。

参考文献

[1] 蒋利，李玉梅．环境监测与生态环境保护研究[M]．长春：吉林科学技术出版社，2024．02．

[2] 琚胜利．旅游废弃物对乡村聚落生态环境影响与旅游新发展[M]．北京：中国旅游出版社，2024．04．

[3] 刘瑶，李光鑫，杨万顺．生态环境保护与污染防治[M]．沈阳：辽宁科学技术出版社，2024．07．

[4] 杨阳．生态环境保护问题的国际进程与决策选择[M]．太原：山西经济出版社，2024．01．

[5] 张帆．海洋生态环境保护知识问答[M]．北京：海洋出版社，2024．01．

[6] 管新建，孟钰，许红师．流域水生态环境补偿研究[M]．郑州：黄河水利出版社，2024．08．

[7] 刘雪婷．现代生态环境保护与环境法研究[M]．北京：北京工业大学出版社，2023．04．

[8] 侯超新，潘立云，张琪．水文水资源与水生态环境研究[M]．成都：四川科学技术出版社，2024．07．

[9] 唐茂钢．中国城乡融合发展研究丛书土地城市化的生态环境效应研究[M]．上海：华东理工大学出版社，2024．08．

[10] 柴茂．污染源视角下流域生态环境协同治理及责任追究机制研究[M]．湘潭：湘潭大学出版社，2024．08．

[11] 陈颖锋．城镇化发展背景下农村土地利用变化及生态环境效应[M]．武汉：武汉大学出版社，2024．09．

[12] 刘慧，武帆，谢诗．环境生态学[M]．北京：北京理工大学出版社，2024．04．

[13] 张伏中．生态环境导向的开发EOD模式理论探索与湖南实践[M]．湘潭：湘潭大学出版社，2023．12．

[14] 杨振宁．基于乡村振兴的农村精神文明建设研究[M]．北京：文化发展出版

社，2024．03.
[15] 李然，彭怡．水污染治理技术[M]．北京：冶金工业出版社，2024．06.
[16] 张平．大气污染控制与治理探究[M]．北京：团结出版社，2024．02.
[17] 毛庆国，徐怀洲，尹民．污染源数据治理的方法与实践[M]．北京：中国环境出版社，2024．01.
[18] 曾贤刚．空气污染健康效应的经济学分析以PM2.5为例[M]．北京：中国环境出版社，2024．01.
[19] 葛红林，屈森虎，张喜艳．环境监测与治理探索[M]．湘潭：湘潭大学出版社，2024．01.
[20] 肖萍．环境监测案例库[M]．合肥：中国科学技术大学出版社，2024．01.
[21] 曾桂华，李倦生．环境工程基础[M]．武汉：武汉理工大学出版社，2024．01.
[22] 张志明．城市污水处理与环境保护[M]．延吉：延边大学出版社，2024．07.
[23] 张桂娟，解晓敏，钟艳霞．环境保护与生态化工程建设[M]．长春：吉林科学技术出版社，2023．06.
[24] 刘圆圆．水土保持与环境保护创新探索[M]．长春：吉林科学技术出版社，2023．03.
[25] 刘金根，朱文婷．农业环境保护[M]．苏州：苏州大学出版社，2023．09.
[26] 胡立峰．农村环境保护[M]．北京：国家开放大学出版社，2023．06.
[27] 李根东．生态修复工程农村人居环境整治[M]．北京中国环境出版社，2022．03.
[28] 金仁旻，陈倩倩．现代乡村社会治理系列新农村人居环境治理及案例分析[M]．合肥：安徽科学技术出版社，2022．12.
[29] 干雅平．水环境监测治理技能改革探究[M]．北京：中国纺织出版社，2022．03.
[30] 胡美灵．我国农村环境群体性事件协同治理研究[M]．长沙：湖南大学出版社，2022．12.
[31] 李康奎，徐尧，师荣梅．城市环境管理与环境保护[M]．汕头：汕头大学出版社，2022．11.